GONGDIAN FUWU DIAODU GONGZUO SHOUCE

供电服务调度工作手册

本书编委会 编

内 容 提 要

本书着重围绕业务基础、作业指导、服务管控和应急处理四个方面，对供电服务调度工作开展的管理规范和运营规范进行了梳理和分析，以供电服务调度工作流程和服务管控工作模块为主题内容展开描述，并附有应急处理相关的处置流程和应急事件。

本书可供电力营销基层管理人员和一线员工培训和自学使用。

图书在版编目（CIP）数据

供电服务调度工作手册 /《供电服务调度工作手册》编委会编. —北京：中国电力出版社，2019.3

ISBN 978-7-5198-2938-4

Ⅰ. ①供…　Ⅱ. ①供…　Ⅲ. ①供电—商业服务—电力—系统调度—手册　Ⅳ. ① TM73-62

中国版本图书馆 CIP 数据核字（2019）第 021091 号

出版发行：中国电力出版社
地　　址：北京市东城区北京站西街 19 号（邮政编码 100005）
网　　址：http://www.cepp.sgcc.com.cn
责任编辑：杨敏群（010-63412531）　柳　璐
责任校对：黄　蓓　常燕昆
装帧设计：张俊霞　赵丽媛
责任印制：邹树群

印　　刷：北京博海升彩色印刷有限公司
版　　次：2019 年 3 月第一版
印　　次：2019 年 3 月北京第一次印刷
开　　本：710 毫米 ×1000 毫米　16 开本
印　　张：6
字　　数：77 千字
定　　价：30.00 元

编委会

主　编　王凯军

副主编　王激华　郑　斌

委　员　侯素颖　许小卉　张　维　凌　健　潘杰锋　唐晓岚
夏红波　李　莉　贺女倩　陈红霞　郭　松　王　强
章宏娟

编写组

组　长　王激华

副组长　潘杰锋

成　员　唐晓岚　夏红波　贺女倩　陈红霞　郭　松　张　睿
张秋慧　高　宵　张　妍　林　露　潘菁菁　郑重远
徐丹凤　马宇波　毛倩倩　王长江

前 言

随着“互联网 +”和电力体制改革的不断推进，加强客户沟通、提高服务效率、减少客户投诉等目标成为提升电力营销服务质量的重点。供电服务调度班以市场为导向、以客户为中心，前端支撑线上渠道运营和客户服务全业务接入，后端强化专业协同，实现“客户需求集中对接、线上办电集中受理、服务资源集中调度、现场作业集中管控”的“互联网 +”营销服务新格局，为提升客户满意度和供电服务质量提供了有力保障。

本书编写组结合供电服务调度班特点，遵循电力营销有关法律、法规、规章、制度、标准和规程等，紧紧围绕服务调度班实际情况进行叙述，从班组运营管理、线上工单处理、营销业务流程和应急事件处理四个维度对供电服务调度班管理进行全面梳理、总结和提炼，形成“业务基础篇”“作业指导篇”“服务管控篇”“应急处理篇”四篇，为供电服务调度整体管控工作的开展提供参考。

编者

2019 年 1 月

目 录

第一篇

业务基础篇

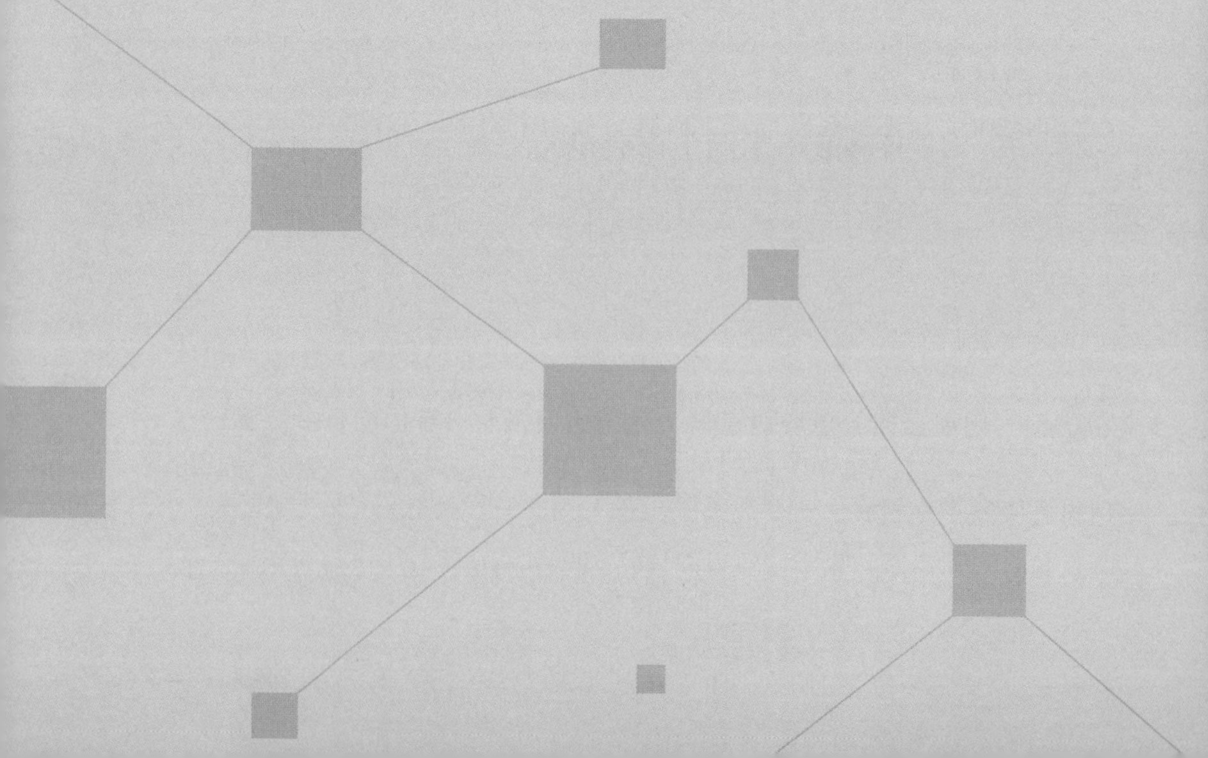

业务基础篇以服务调度人员需要了解的基本业务和工作体系为基础，系统介绍了供电服务调度班运营管理过程中的工作规范以及主要应用的操作系统，旨在通过普及服务背景和明确服务规范，提升班组管理效率和服务水平。

一、业务概述

在传统电力营销作业模式下，客户与电力业务相关的需求及诉求只能在供电所、营业厅和95598客服热线之间传递，缺乏集中的需求传递与协调机制。随着“互联网+”和电力体制改革的不断深入，加强客户沟通、提高服务效率、有效减少客户投诉等目标已经成为电力营销服务质量提升的重点，供电服务调度班因此应运而生。

供电服务调度班成立前后，电力营销服务过程中的业务流转和客户服务变化对比如下：

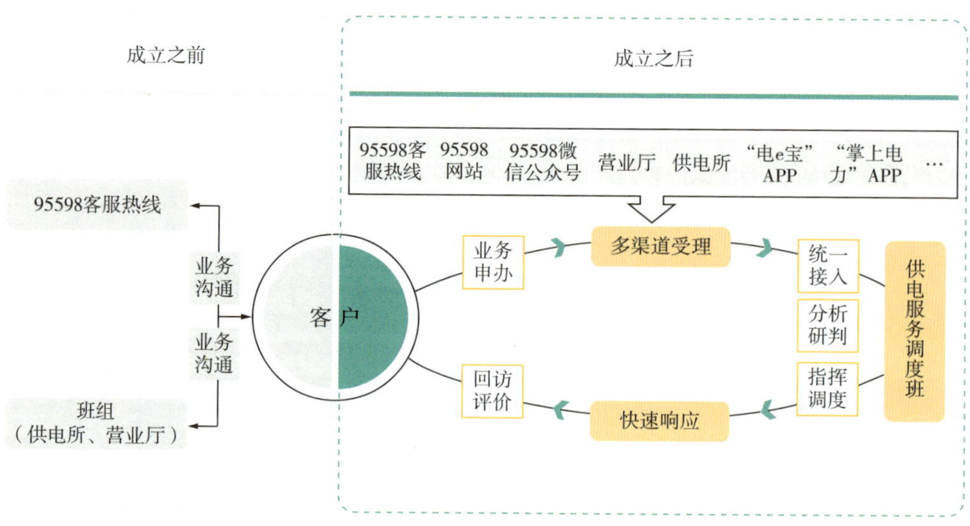

供电服务调度班组成立前后对比

供电服务调度班成立后，能够多渠道对接客户需求，快速响应客户诉求，实现了电力业务线上化办理。

供电服务调度工作体系依托供电服务调度班，前端汇集客户需求，后端提供快速响应，实现“最多跑一次”“一次都不跑”的服务目标。通过全过程管控，具体优势主要体现在四个方面。

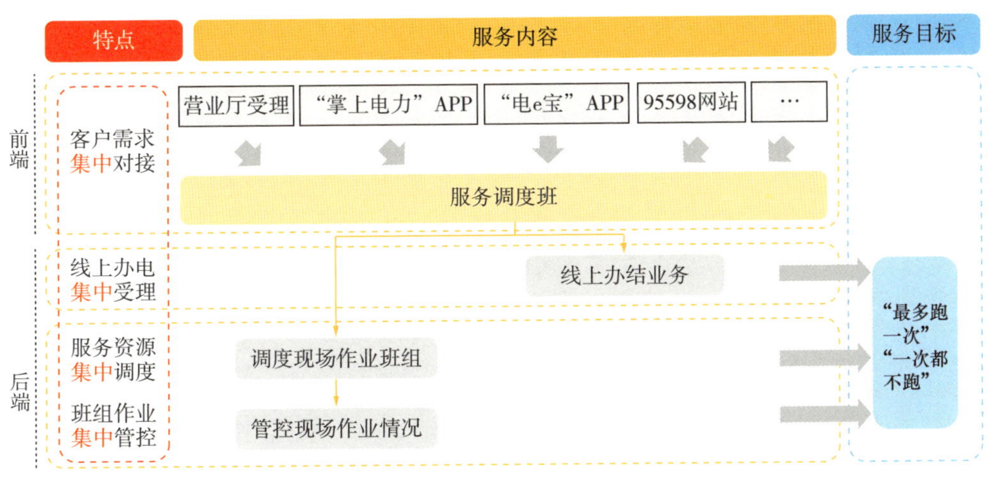

供电服务调度工作体系示意

1. 客户需求的集中对接

由服务调度班集中汇集供电所、营业厅、电子渠道等多渠道受理的客户申请，并在服务过程关键节点和服务结束后，统一与客户对接，包括告知和确认服务进程，了解客户满意度并征询客户意见、建议。

2. 线上办电的集中受理

服务调度承担“线上营业厅”职责，对客户通过线上渠道提交的服务申请，开展电子资料线上审核、客户信息电话核实、业务要点“一次性告知”，发起营销业务流程。

3. 服务资源的集中调度

建立基层班组查勘、装表、现场校验等作业的承载力管理，由服务调度人员根据客户意愿，结合现场班组服务承载力，与客户确定现场服务时间和服务方式。对于客户需求超过服务承载力的，开展预警和协调，实现服务需求与服务承载力动态平衡。

4. 现场作业的集中管控

服务调度人员按照“两个电话”的工作要求，跟踪现场作业人员“实际现场到达时间”和“实际现场完成时间”，确保按时完成现场作业。对于未及时开始现场作业的，开展催办和督办。

二、管理规范

管理规范是保障供电服务调度班管理秩序的主要规定和标准，具体分为岗位设置、班组职责、岗位职责、岗位规范、考核激励和培训提升六个模块。通过落实班组职责以及各岗位职责和规范，确保班组整体运营效率。

（一）岗位设置

供电服务指挥中心服务调度班的岗位设置包括班长、值长、服务调度人员。

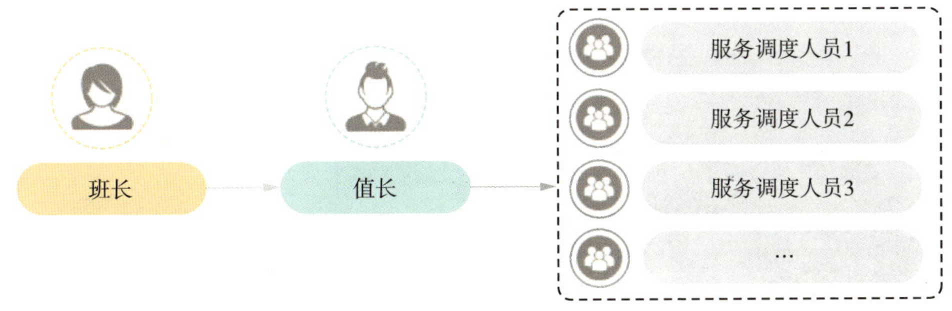

供电服务指挥中心服务调度班组织架构

（二）班组职责

服务调度班实行 7×8 小时运作，通过集中的供电服务调度平台，前端汇集客户需求，后端提供快速响应、继承班组顺畅衔接，同时持续加强服务过程管控，从而防范客户意见升级，全面提升客户满意度。

服务调度班的具体职责如下：

负责区域内电子资料审核，线上业务受理，履行“一次性告知”。

负责区域内现场服务承载力分析和管理，预约确定现场服务时间，开展服务资源调配，管控现场服务质量，跟踪督办现场服务承诺兑现情况。

负责线上流程时限的预警、催办和全过程管控，定位影响客户服务体验的主要问题，开展服务风险管控。

（三）岗位职责

1．班长岗位职责

班长负责服务调度班各项事务的统筹管理工作。

班长岗位职责

负责服务调度班各项事务的统筹管理工作

类别	职责内容
工作计划	· 审核班组周、月度、季度、年度工作计划和实施情况
日常事务	· 业务管理：监督检查班组员工工作开展情况 · 业务优化：归纳工作中存在的问题，定期开展供电服务调度业务优化分析 · 台账审核：审核班组日常各类数据统计、报表编制工作
制度管理	· 贯彻执行国家政策法规、电力行业相关标准以及上级部门制定的标准、制度、文件精神 · 制定并健全和完善班组内部管理制度
员工管理	· 培训提升：管理员工培训工作，定期组织考试，提升员工业务技能和工作技巧 · 考核激励：对班组员工工作做出评定并提出考核意见
设施设备管理	· 统筹设施设备的需求申请、故障报修、报废申请等管理工作
应急管理	· 处理突发事件，及时上报重要、重大服务质量事件，开展重要服务事项报备的审核
其他	· 做好与客户及本单位内部相关业务部门的协调工作 · 做好员工的思想工作 · 完成上级领导交办的其他工作

2. 值长岗位职责

值长负责服务调度班各项事务的日常运营管理工作。

值长岗位职责

负责服务调度班各项事务的日常运营管理工作

工作计划	· 编制班组周、月度、季度、年度工作实施计划
日常事务	· 业务管理：①协助班长开展班组日常管理；②监督检查办公状态及工作纪律，带领服务调度班全体人员认真负责地完成每天的业务工作；③掌握并管理区域内现场服务承载能力，并及时更新发布承载力清单；④将客户诉求以工作联系单的形式反馈相关责任班组 · 业务优化：收集汇总工作中存在的问题，并提出改进建议 · 编制台账：班组日常各类数据统计、报表编制工作
制度管理	· 及时、准确地将上级有关文件精神和指示传达同时将一线的情况向上级反馈 · 协助班长健全和完善班组管理的相关制度、细则
员工管理	· 培训提升：开展员工培训工作，提升员工的业务技能和工作技巧 · 考核激励：检查班员工作实施情况，并向班长提出考核建议
应急管理	· 处理突发事件，及时将重要、重大服务质量事件向班长汇报，开展重要服务事项报备的编制
制度管理	· 做好与客户及本单位内部相关部门（班组）交互的辅助工作 · 关注班组员工思想动态，及时上报思想动态问题 · 完成上级领导交办的其他工作

3. 服务调度人员岗位职责

服务调度人员主要负责线上各项业务的开展。

服务调度人员岗位职责

负责线上各项业务的开展

业务流转

- 对区域内接入供电服务调度平台的业务流程开展处理
- 与区域内的客户预约现场服务时间，并下派工单
- 区域内客户用电业务环节中跨部门（班组）各类问题的协调，加快推进业务进程
- 区域内进入供电服务调度平台预申请工单的终止及回退
- 对区域内进入供电服务调度平台的业务流程开展终止审批，并同步告知客户终止原因

业务管控

- 对区域内接入供电服务调度平台的业务流程监控，跟踪流程时限并预警、催办
- 区域内客户约时承诺兑现情况的跟踪，核实现场服务到达时间和工作完成时间并录入系统

建议收集

- 区域内的业务回访和客户意见、建议的收集，并及时反馈值长，适时开展客户二次回访

其他

- 完成上级交办的其他工作

（四）岗位规范

1. 服务准则

坚持“人民电业为人民”的服务宗旨，认真贯彻“优质、方便、规范、真诚”的服务方针，有良好的服务意识与较强的责任心。

严格遵守国家法律法规和企业规章制度，诚实守信，恪守承诺，爱岗敬业，乐于奉献，廉洁自律，秉公办事。

真心实意为客户着想，尽量满足客户的合理诉求。

2. 服务规范

遵守话务礼仪，灵活运用沟通技巧，与客户进行有效沟通。

使用文明用语，优先使用普通话。讲话时语速适中、咬字清晰，遇到特殊客户需适当提高语音，放慢语速。

首问负责制	· 实行首问负责制，无论是否本岗位职责，均需认真倾听，完整记录，以工作联系单（见附表1）的形式派至对应班组处理。
一次告知制	· 实行一次告知制，需一次性完整告知提供的资料、业务办理流程、收费项目及标准以及其他需要“一次性告知”的注意事项。
一证受理制	· 实行一证受理制，线上业务资料符合一证受理规则的，不得因资料未提供齐全拒绝受理。
限时办结制	· 实行限时办结制，工单处理原则上日结日清。

客户要求与政策、法律、法规及本企业制度相悖时，需向客户耐心解释，有礼有节。客户提出不合理诉求时，需委婉说明，不得与客户争吵。

保守客户秘密，不随意泄露客户个人信息及商业秘密。

不得迟到、早退及无故请假。

先外后内，先处理客户诉求，再处理内部事务。

客户情绪激动时，先处理情绪再处理业务，表示体谅对方情绪，不随意打断客户，超出处理权限的汇报班长、值长。

暂时无法联系到客户的情况，每日拨打次数不少于 3 次，每次间隔不小于 1 小时。

如需客户补缺件且暂时无法联系到客户的情况，原则上流程

应当日下发。对于连续 2 天联系不上的，以短信形式通知客户并回退 / 终止预申请。

原则上每日晚 22：00 至次日 8：00 不联系客户。

（五）考核激励

设置考核激励的目的是结合实际工作要求，从考核的内容、流程及应用三个方面如实反馈服务调度人员日常工作表现，客观、准确地评价员工工作能力，促进员工业务技能和服务水平持续提升。

1. 考核内容

日常绩效考核可从工作规范、岗位职责、管理能力和附加评分四方面开展，对不同岗位的班组成员进行考核。

服务调度班人员考核内容

考核指标		考核对象	考核方式	考核统计
工作规范	仪容仪表	全体	内部日常监督	值长统计班长审核
	工作纪律			
岗位职责	工作数量	全体	绩效考核	值长统计班长审核
	工作质量			
管理能力	运营管理能力	值长	营业厅主管评估	班长
	分析决策能力			
	沟通协调能力			
附加评分	综合贡献	全体	绩效考核	值长统计班长审核
	通报批评、投诉、作假等			

2. 考核流程

服务调度班的考核需以自然月为考核周期，实行考核到岗、到人。

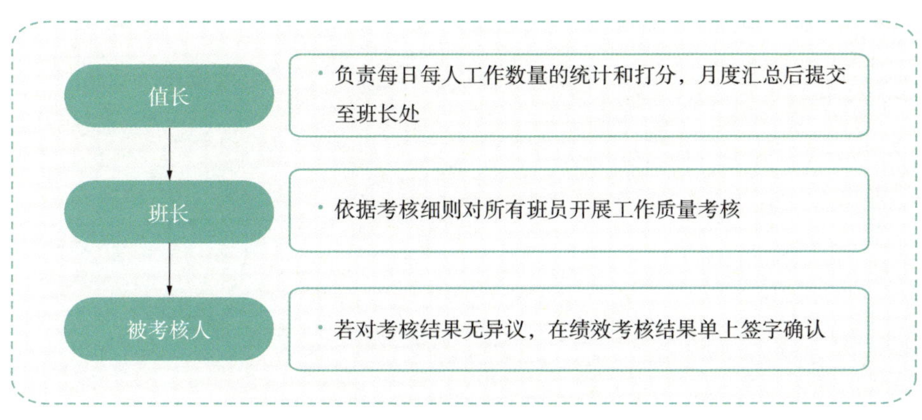

服务调度班考核流程

每月考核结束后，值长负责在班务公开栏上对绩效考核结果进行公示。

3. 考核结果应用

月度考核成绩与员工绩效挂钩。年度考核成绩与员工评先评优、星级评定、员工个人发展等挂钩。

服务调度人员定期组织星级评定，评定包括考试考核和日常工作考核两部分，其中日常工作考核主要依据年度考核成绩开展。

（六）培训提升

采取多种方式开展班组培训，以网络大学自学为主，定期开展集中培训，确保培训的针对性和有效性，实现员工素质不断提升。

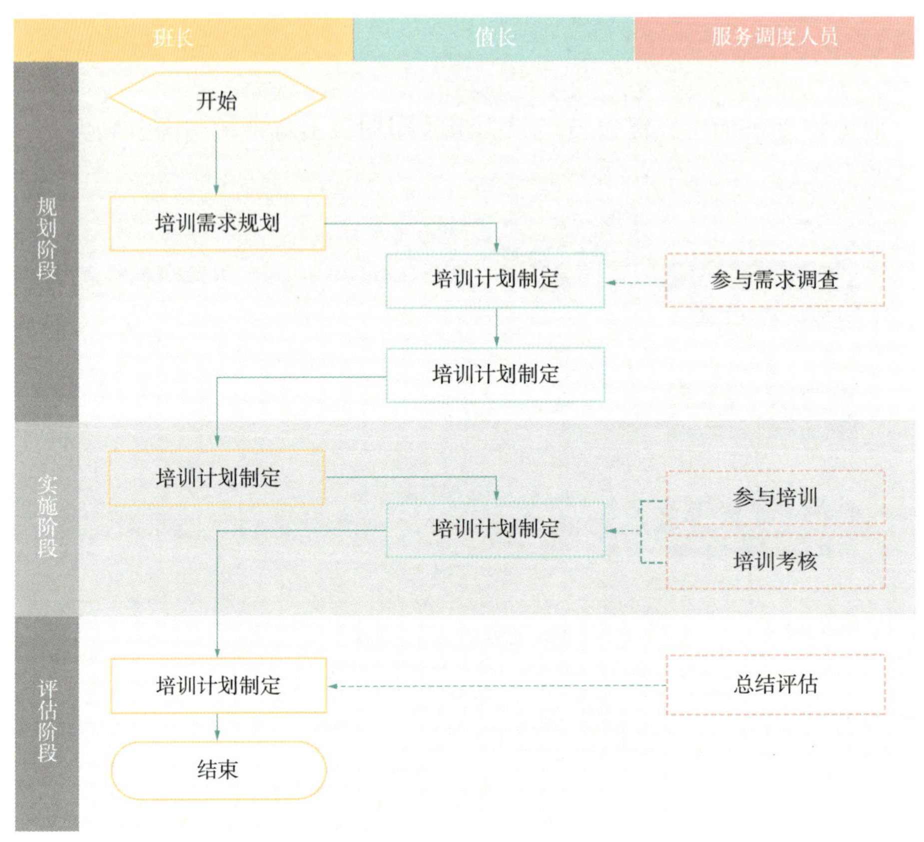

服务调度班培训流程

服务调度班与营销业务紧密结合，应定期开展营销业务基础知识培训，熟悉了解其他相关班组的业务，提升客户服务质量。

服务调度班基础知识培训计划

培训结束后，值长需针对培训内容和培训效果进行总结并记录，具体包括培训时间、培训课时、培训地点、培训讲师、参培人员、培训形式等，填写完成培训总结记录表（见附表 2）。

集中培训需安排考试，巩固并验证本次培训成果。零散培训通过每日一学、每日一问等方式结合班组例会开展。同时，做好培训资料归档工作。

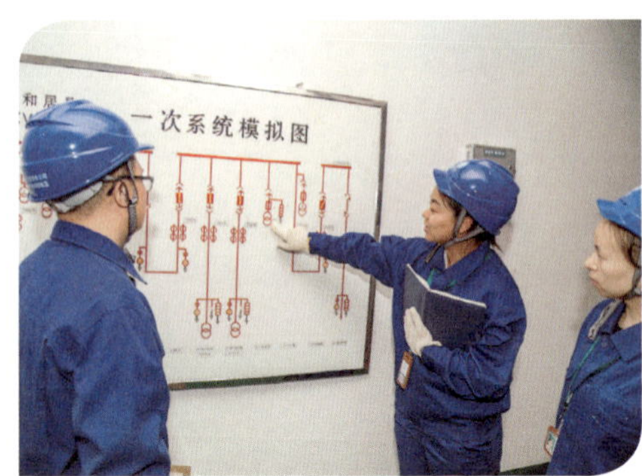

基层班组现场学习

班组内部培训

三、运营规范

日常运营按照工作时间划分为三个阶段：工作前准备、日常工作开展和工作后总结。

日常运营具体要求

工作时段	主要内容	时间管理要求
工作前准备	·形象整理 ·上岗前准备	
日常工作开展	·处理日常业务 ·召开周例会 ·编制工作计划和小结 ·编制班组台账	周休日和午休时间段实行值班制，确保值班期间的客户需求正常处理
工作后总结	·工作内容总结 ·工作区域整理	

（一）工作前准备

服务调度人员需在上岗前 10 分钟做好各项准备工作。

形象整理示范（男）

形象整理示范（女）

1. 形象整理

- 着装：着统一工装，穿戴整齐。
- 发式：男性要求短发，女性发型保持整齐，忌发型、发色怪异。
- 卫生：勤换衣物，保持身体无异味。

2. 上岗前准备

- 清扫办公环境。
- 检查工作所需的各类办公用品和资料是否充足并及时补充。
- 开启各类办公设备，检查录音电话、计算机等是否运行正常。
- 登录供电服务调度平台、智能客户档案管理系统等，检查系统各项业务功能是否正常。

定置定位示意

• 查阅交接班工作日志（见附表 3）和工作日志（见附表 4），了解工作交接情况。

（二）日常工作开展

日常工作的有序开展由班长监督、值长管控，具体管理内容包括处理日常业务、召开周例会、编制工作计划和小结、编制班组台账。

1. 处理日常业务

为保障供电服务调度工作的有序开展，全体班组员工需完成每日业务处理。

线上业务受理

- 电子资料审核
- 客户诉求电话确认
- 发起营销业务流程

服务管控

- 服务资源管理
- 服务过程管控
- 服务质量管控

客户互动管理

- 客户诉求管理
- 客户满意度管理

工作纪律

- 不可从事与工作无关的事情
- 不得违反信息保密规定

2. 召开周例会

每周一，班（值）长组织召开周例会，回顾总结上周工作，安排本周工作内容并宣贯上级规章制度。

工作总结需重点突出工作难点、需要解决的问题、工作建议等，汇总分析问题，并提出整改措施。同时安排本周工作重点内容。

周例会结束后，值长需及时通过工作日志（见附表4）记录会议内容。

班长或值长组织召开周例会，突出工作难点

3. 编制工作计划和小结

每月末，值长需根据班组实际情况编制本月工作小结和次月工作计划，并提交班长审核。工作小结包括本月工单受理、客户回访等情况。工作计划明确次月工作任务及负责人。

4. 编制班组台账

根据每日工作内容编制工作日志、交接班日志、排班表、考勤表、工作联系单等班组台账，确保及时填写、定期归档。按规定定时完成编制班组台账，并将台账张贴于班组内固定位置。

按规定定时完成班组台账编制

台账张贴于班组内固定位置

（三）工作后总结

1. 工作内容总结

• 由值长或当日值班人员负责组织全体服务调度人员回顾总结当日工作情况和主要问题，进行班组经验分享，并明确次日重点任务。

• 当日值班人员负责查看、审阅交接班日志，并做好交接班工作安排。

2. 工作区域整理

- 工作区域内的办公物品及设施设备按定置定位要求归位。
- 关闭各类办公设备，切断办公设备和照明设备电源。
- 保持环境干净、整洁，做好工作环境的清洁。

保持办公环境干净整洁

四、操作系统

服务调度班日常工作所涉及的操作系统包括供电服务调度平台和智能客户档案管理系统。

（一）供电服务调度平台

供电服务调度平台为服务调度班日常运作的核心支撑系统。通过综合展示、预约服务、业务回访、服务管控、线上受理、催办督办、服务事件管理等功能，实现客户线上业务申请、快速处理、服务指标全方位监测。

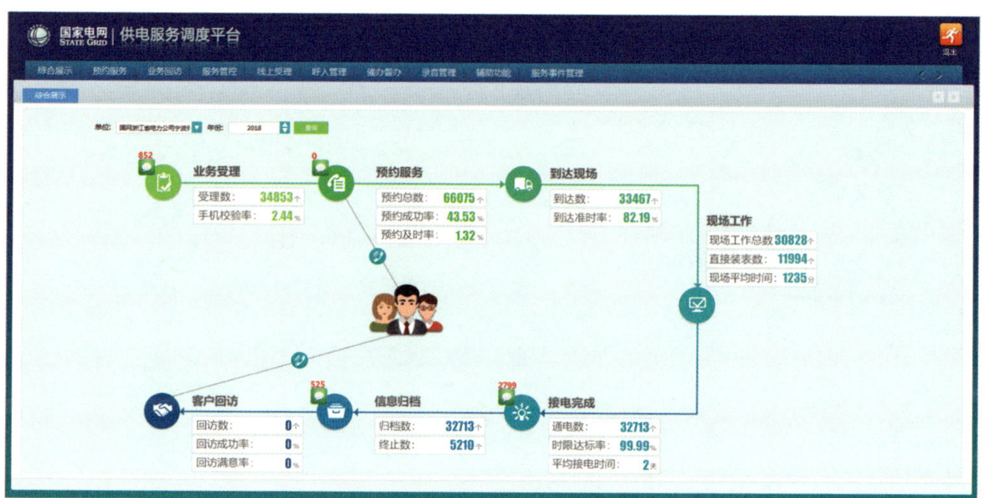

供电服务调度平台系统界面

供电服务调度平台主要功能

功能类型	功能模块	主要功能
工单查询类	综合展示	查看业务受理、预约服务、到达现场、现场工作等各类服务指标情况
	服务事件管理	**服务事件管理：**查看待作业、待调度、待跟踪等工单信息 **服务事件查询：**查询所有线上工单
业务受理类	线上受理	查看所有线上工单信息，并处理工单收资情况
	预约服务	**预约服务：**处理线下待预约的工单（包括新装、增容、申请校验等） **已预约工单：**处理已约定服务时间未完成现场服务的工单
	业务回访	进行新装、增容和申请校验等工单的客户回访
服务管控类	催办督办	查询待催办督办的工单信息
	服务管控	进行业扩预警、业扩超期、督办待反馈、催办待反馈、申请校验待退费、短信回复、工单终止等操作
	辅助功能	**话术管理：**查看并调整线上相关业务服务规范用语 **处理能力配置：**查询并调整各供电单位的工作承载力 **预警考核时限配置：**查看并调整各业务类型的预警考核时限 **服务调度模式配置：**查看并调整各业务类型的服务调度模式

（二）智能客户档案管理系统

线上受理完成后，客户的电子档案通过接口传到智能客户档案管理系统。

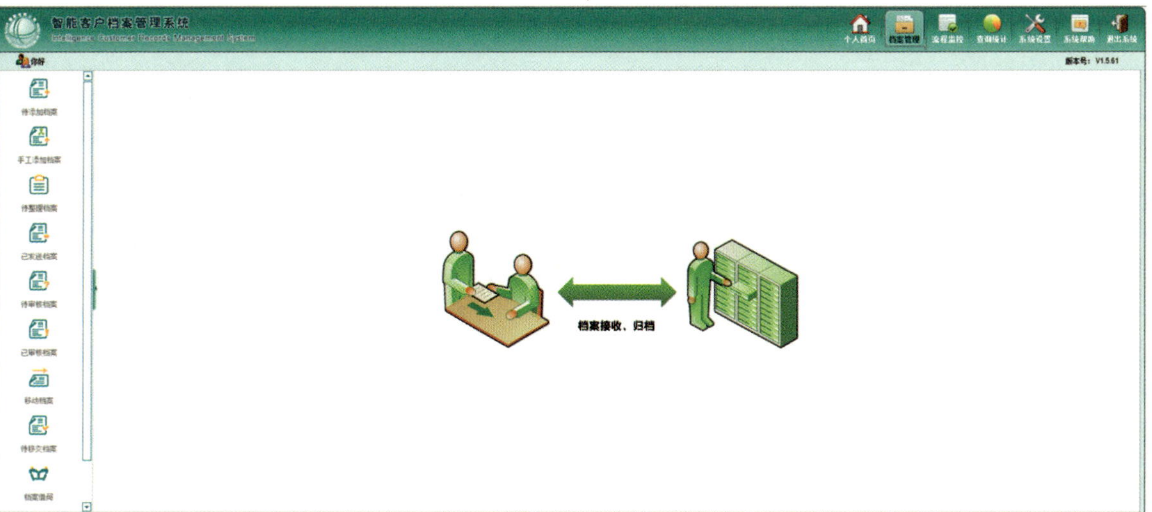

智能客户档案管理系统界面

服务调度主要涉及档案管理中的“待添加档案”“待整理档案”“待审核档案”和“已审核档案”四个功能模块。

- 待添加档案：将供电服务调度平台的客户电子档案加入到档案系统，添加完成后发送至待审核档案。
- 待整理档案：审核并整理供电服务调度平台的客户档案信息，发送至待审核档案。
- 待审核档案：审核客户档案。
- 已审核档案：查看所有审核通过的档案信息。

第二篇

作业指导篇

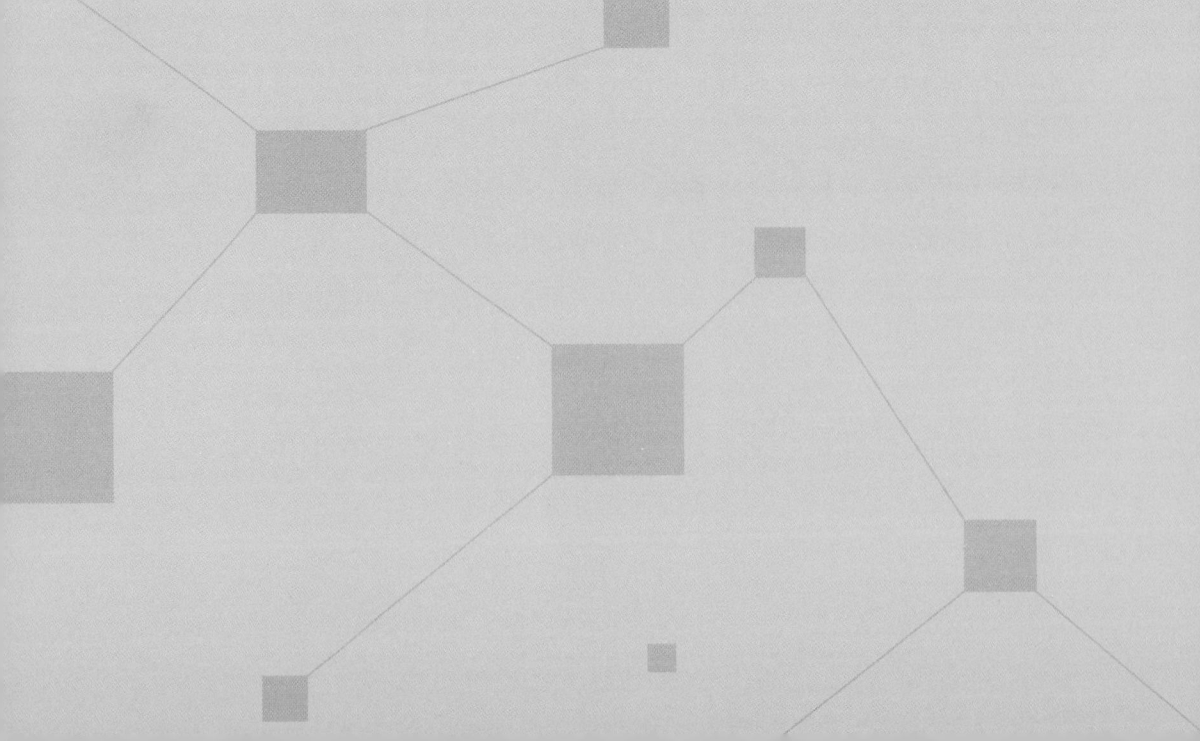

作业指导篇以服务调度人员日常工单处理流程为主线，配合系统操作，介绍线上业务受理、服务调度、客户档案管理和客户回访四个环节，明确受理流程和操作要点。同时规范服务过程中的话术和礼仪，以提升服务调度班整体服务质量。

一、线上业务受理

线上业务受理是指电子渠道受理，包括接收客户通过“掌上电力”APP、营业厅自助业务受理机、“电 e 宝”APP、95598 网站等提交的业务申请。

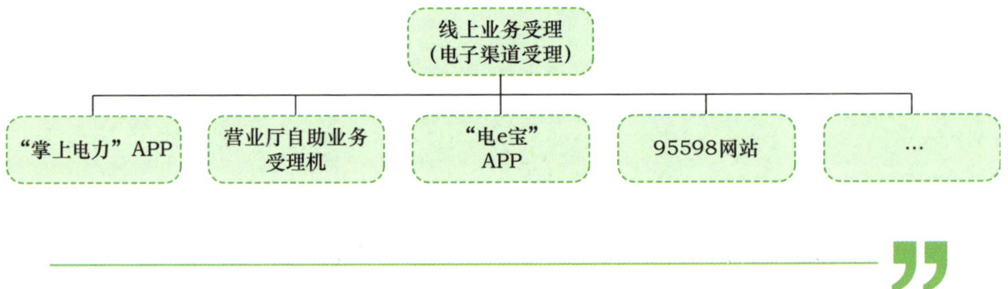

（一）电子资料审核

电子资料审核需根据相关业务工作规范，依托供电服务调度平台开展。服务调度人员需对客户电子资料的准确性、完整性和有效性进行审核，查验客户电子资料是否符合业务办理要求。收资规则要求参见《国网浙江省电力公司业扩报装及变更用电收资及表单使用规范》。原则上电子资料审核需在申请递交的 1 个工作日内完成。

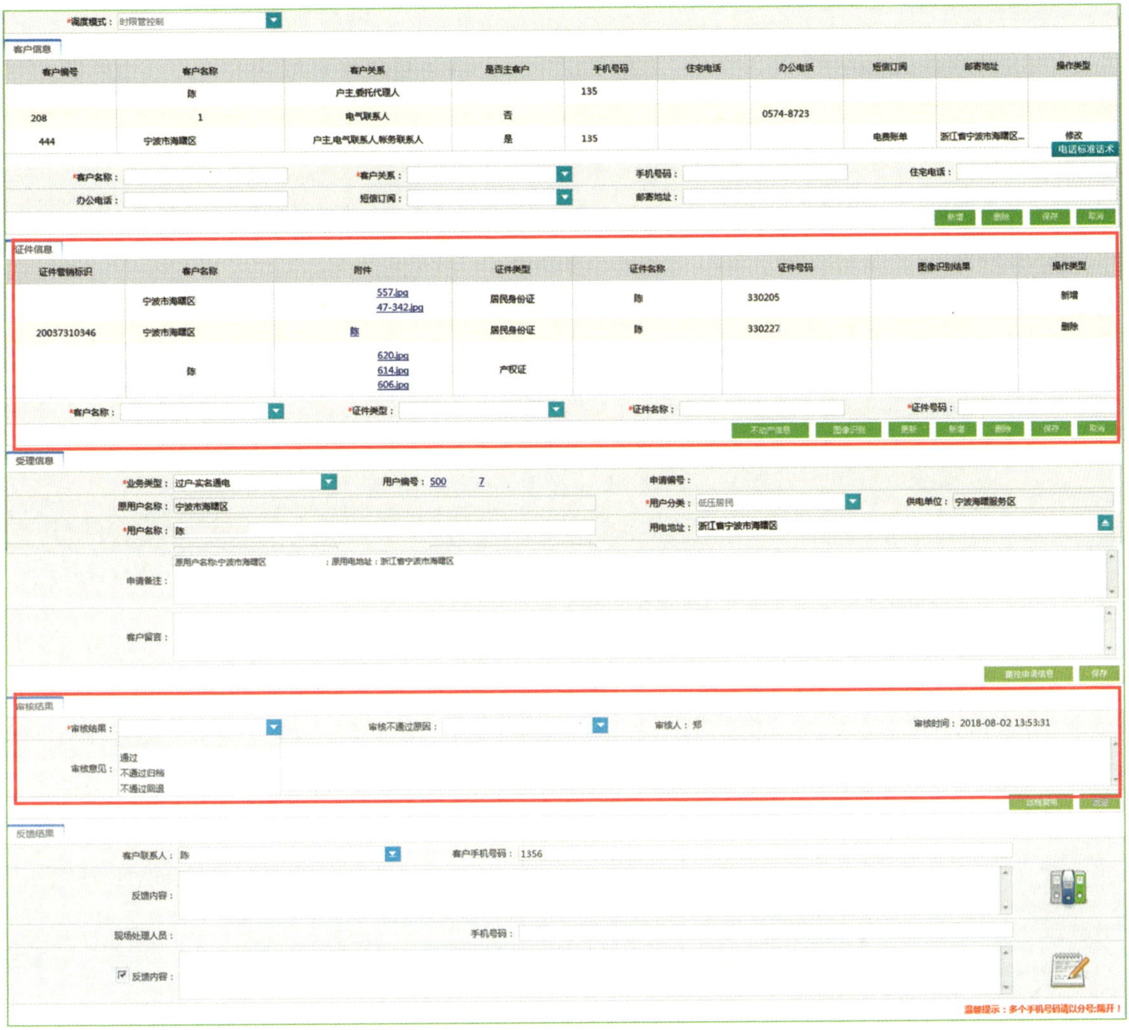

*调度模式：时限管控制

客户信息

客户编号	客户名称	客户关系	是否主客户	手机号码	住宅电话	办公电话	短信订阅	邮寄地址	操作类型
	陈	户主,委托代理人		135					
208	1	电气联系人	否			0574-8723			
444	宁波市海曙区	户主,电气联系人,帐务联系人	是	135			电费账单	浙江省宁波市海曙区...	修改

电话标准话术

*客户名称： *客户关系： 手机号码： 住宅电话：

办公电话： 短信订阅： 邮寄地址：

新增 删除 保存 取消

证件信息

证件营销标识	客户名称	附件	证件类型	证件名称	证件号码	图像识别结果	操作类型
	宁波市海曙区	557.jpg 47-342.jpg	居民身份证	陈	330205		新增
20037310346	宁波市海曙区	陈	居民身份证	陈	330227		删除
	陈	620.jpg 614.jpg 606.jpg	产权证				

*客户名称： *证件类型： *证件名称： *证件号码：

不动产信息 图像识别 更新 新增 删除 保存 取消

受理信息

*业务类型：过户-实名通电 用户编号：500 7 申请编号：

原用户名称：宁波市海曙区 *用户分类：低压居民 供电单位：宁波海曙服务区

*用户名称：陈 用电地址：浙江省宁波市海曙区

申请备注：原用户名称:宁波市海曙区 ；原用电地址：浙江省宁波市海曙区

客户留言：

保存

审核结果

*审核结果： 审核不通过原因： 审核人：郑 审核时间：2018-08-02 13:53:31

审核意见：通过
不通过归档
不通过回退

反馈结果

客户联系人：陈 客户手机号码：1356

反馈内容：

现场处理人员： 手机号码：

反馈内容：

温馨提示：多个手机号码请以分号;隔开！

客户电子资料审核界面

1. 客户电子资料符合业务办理要求

经审核确定客户电子资料无误，服务调度人员应在审核结果中选择“通过”并发送。

审核结果
① *审核结果： 通过　　审核不通过原因：
审核意见：
审核人：　　审核时间：2018-10-25 13:08:47
② 发送

① 若客户电子资料符合业务办理要求，在审核结果选择“通过”
② 点击发送

2. 存在缺件、信息不清或拍摄不完整的情况

经审核确定客户提交的电子资料存在缺件、信息不清或拍摄不完整的情况时，服务调度人员通过电话联系客户说明情况后，在审核结果中选择“不通过回退”并发送，将工单回退至原申请渠道。

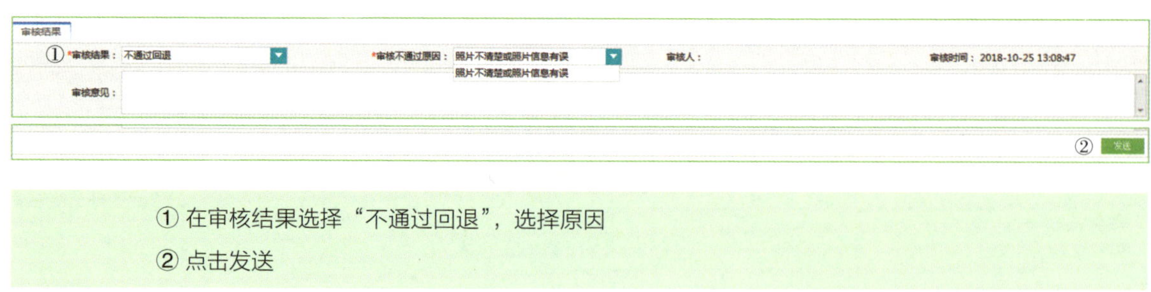

① 在审核结果选择“不通过回退”，选择原因
② 点击发送

同时系统自动向客户推送回退信息，信息内容包含回退原因、所需用电申请资料等。

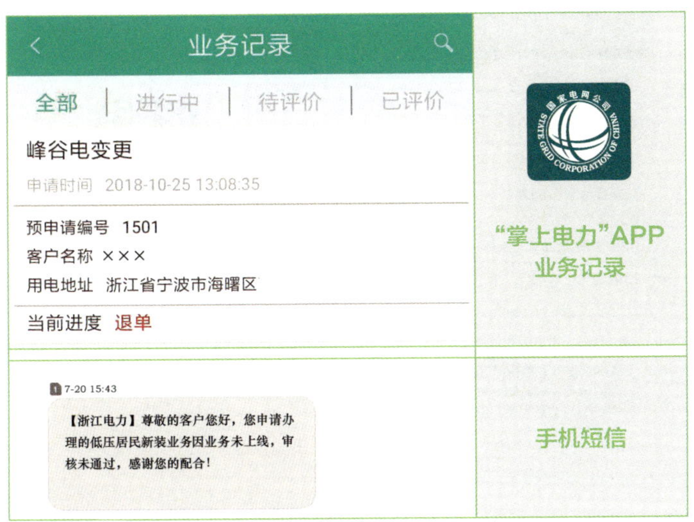

3. 存在申请业务类别错误、重复申请等情况

经审核确定客户存在申请业务类别错误、重复申请等情况时，服务调度人员通过电话联系客户说明情况后，在审核结果中选择“不通过归档”并发送，进行工单归档。

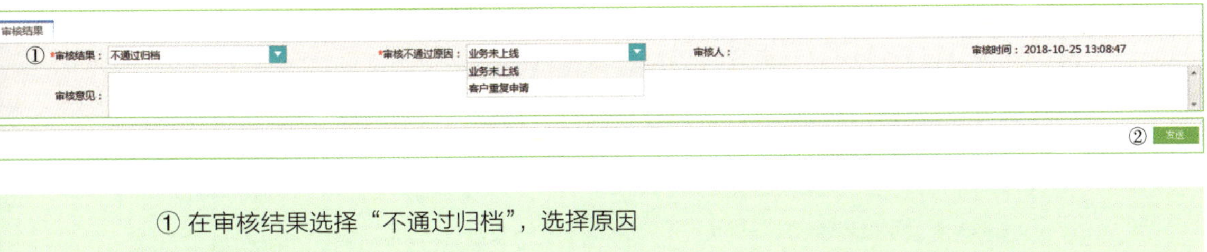

① 在审核结果选择“不通过归档”，选择原因

② 点击发送

同时系统自动向客户推送未成功办理信息，信息内容包括未成功办理原因及继续办理建议。

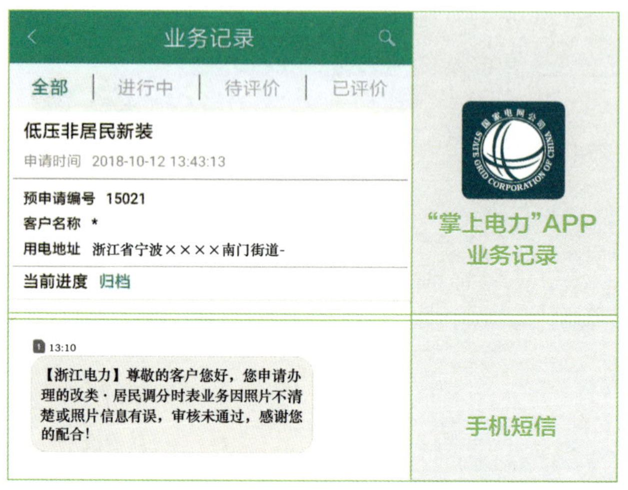

小贴士

□ 客户易将“实名通电”业务申请成“低压居民新装”业务，服务调度人员需联系客户重新申请。

□ 客户易将“实名通电”业务申请成“过户”业务，服务调度人员需联系客户重新申请。

□ 客户易将“过户”业务申请成“更名”业务，服务调度人员需联系客户重新申请。

□ 若客户有多个户号需要办理业务时，容易因未切换户号导致出现同一户号重复申请的情况，服务调度人员需提醒客户切换户号重新申请。

“掌上电力”APP用电申请界面

（二）客户诉求电话确认

电子资料审核通过后，服务调度人员需根据电子资料中客户提交的户号、户名、地址、联系人及联系方式等必要信息，与客户核实无误后，确定现场服务时间，并按照营销业务基础信息规范要求完成录入。

1. 客户信息录入

包括客户名称、客户关系、手机号码、短信订阅等信息录入。

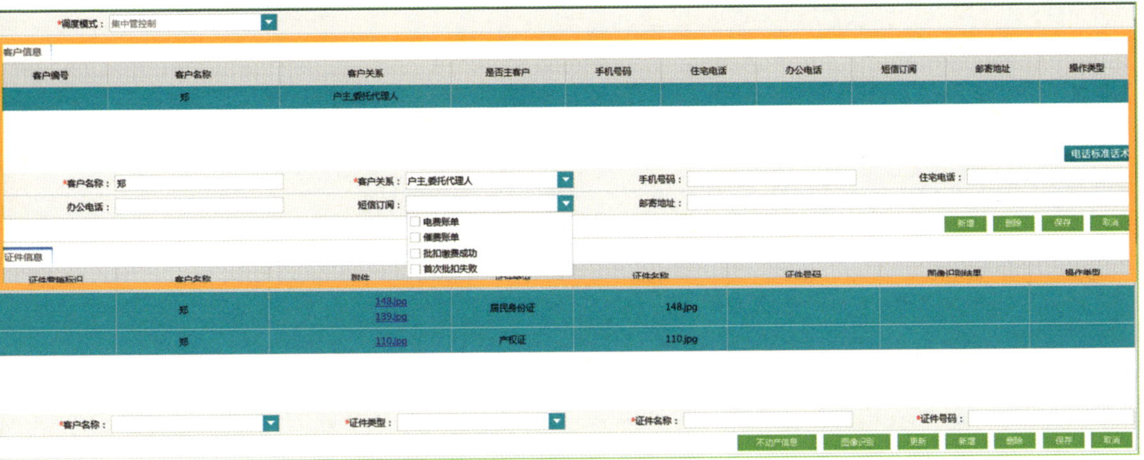

2. 客户信息审核

审核上传的证件信息，包括客户名称、证件类型、证件名称和证件号码。

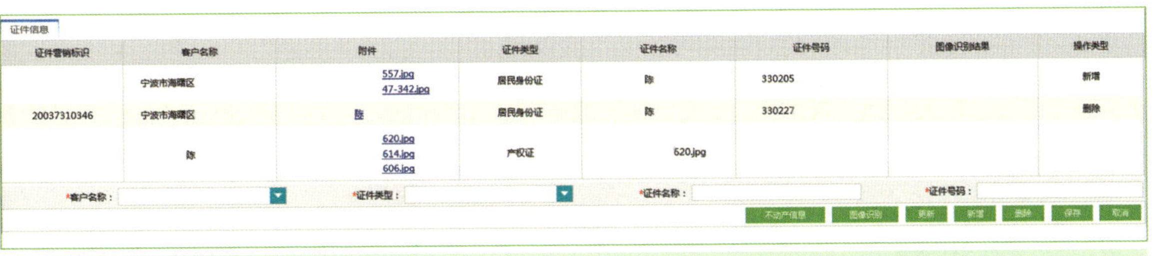

证件信息

证件营销标识	客户名称	附件	证件类型	证件名称	证件号码	图像识别结果	操作类型
	宁波市海曙区	557.jpg 47-342.jpg	居民身份证	陈	330205		新增
20037310346	宁波市海曙区	陈	居民身份证	陈	330227		删除
	陈	620.jpg 614.jpg 606.jpg	产权证	620.jpg			

*客户名称： *证件类型： *证件名称： *证件号码：

不动产信息 图像识别 更新 新增 删除 保存 取消

点击附件，审核上传证件信息

3. 受理信息确认

包括业务类型、用户名称、用电地址、供电单位、申请运行容量、供电电压、用电类别、电费票据类型等信息录入。

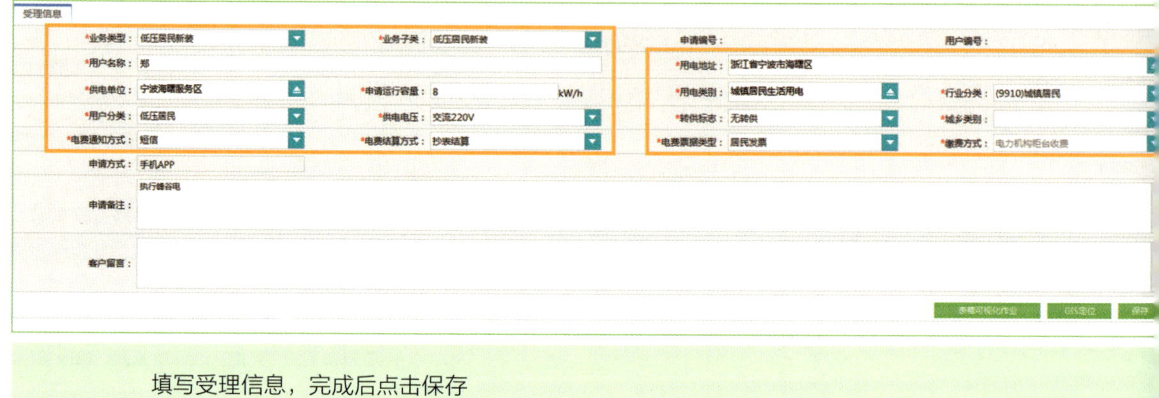

填写受理信息，完成后点击保存

居民用户选择“10版发票”。

具有一般纳税人资格的客户可选择增值税专用发票。

其他客户选择国网增值税电子普通发票。

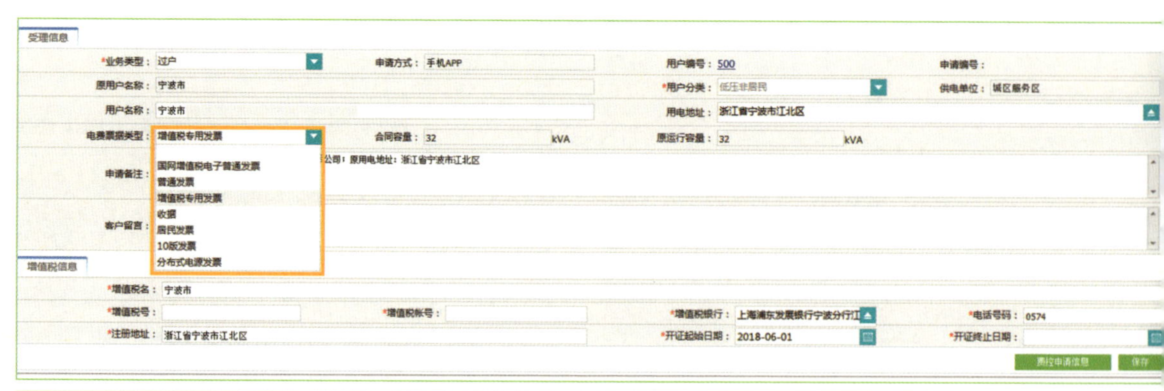

根据客户类型，选择电费票据类型，点击保存

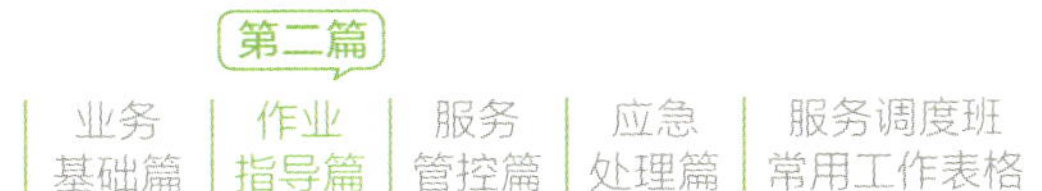

增值税专用发票申请信息为：

增值税信息
*增值税名：
*增值税号： *增值税帐号： *增值税银行： *电话号码：
*注册地址： *开征起始日期： *开征终止日期：

若选择增值税专用发票，应录入增值税名、增值税号、增值税账号、增值税银行、电话号码、注册地址、开征起始日期、开征终止日期等增值税信息；点击保存

服务调度人员与客户联系时，应履行“一次性告知”，告知内容包括客户办理业务的流程时限、收费标准及注意事项等。

4. 供电方案及业务费确认

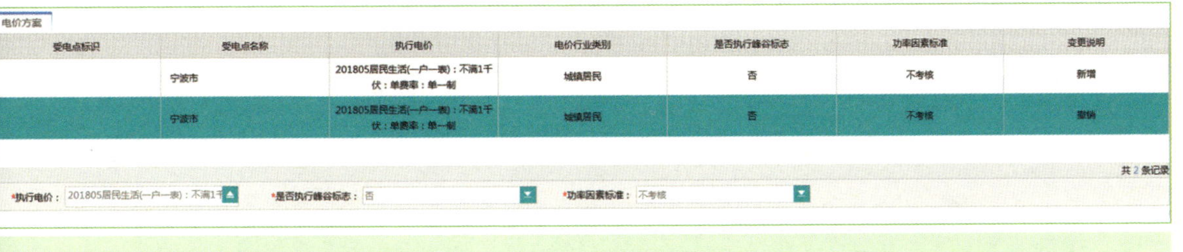

电价方案

受电点标识	受电点名称	执行电价	电价行业类别	是否执行峰谷标志	功率因素标准	变更说明
	宁波市	201805居民生活(一户一表)：不满1千伏：单费率：单一制	城镇居民	否	不考核	新增
	宁波市	201805居民生活(一户一表)：不满1千伏：单费率：单一制	城镇居民	否	不考核	撤销

共 2 条记录

*执行电价：201805居民生活(一户一表)：不满1千 *是否执行峰谷标志：否 *功率因素标准：不考核

业务申请涉及供电方案变更的，与客户确认是否变更电价方案后，需严格按照营销业务规范，在业务受理时正确选择电价方案、计量方案、电能表方案等变更的相关参数

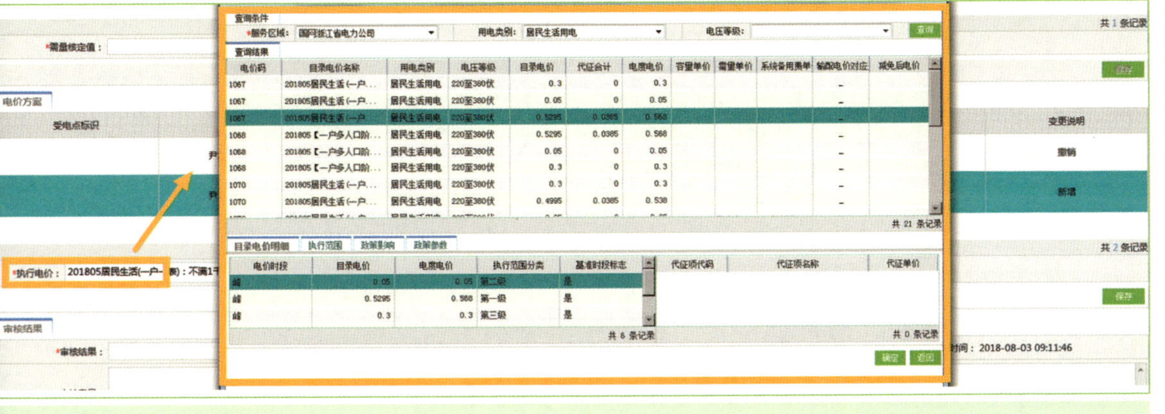

查询条件
*服务区域：国网浙江省电力公司 用电类别：居民生活用电 电压等级：

查询结果

电价码	目录电价名称	用电类别	电压等级	目录电价	代征合计	电度电价	容量单价	需量单价	系统备用费单	输配电价对应	减免后电价
1067	201805居民生活(一户...	居民生活用电	220至380伏	0.3	0	0.3				-	
1067	201805居民生活(一户...	居民生活用电	220至380伏	0.05	0	0.05				-	
1067	201805居民生活(一户	居民生活用电	220至380伏	0.5295	0.0385	0.568				-	
1068	201805【一户多人口阶...	居民生活用电	220至380伏	0.5295	0.0385	0.568				-	
1068	201805【一户多人口阶...	居民生活用电	220至380伏	0.05	0	0.05				-	
1068	201805【一户多人口阶...	居民生活用电	220至380伏	0.3	0	0.3				-	
1070	201805居民生活(一户...	居民生活用电	220至380伏	0.3	0	0.3				-	
1070	201805居民生活(一户...	居民生活用电	220至380伏	0.4995	0.0385	0.538				-	

共 21 条记录

目录电价明细 执行范围 政策影响 政策参数

电价时段	目录电价	电度电价	执行范围分类	基准时段标志
峰	0.05	0.05	第二级	是
峰	0.5295	0.568	第一级	是
峰	0.3	0.3	第三级	是

共 6 条记录

代征项代码	代征项名称	代征单价

共 0 条记录

确定 返回

选择电价方案

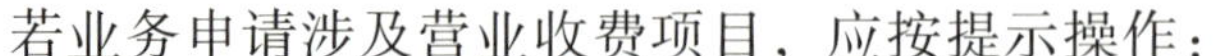

若业务申请涉及营业收费项目，应按提示操作：

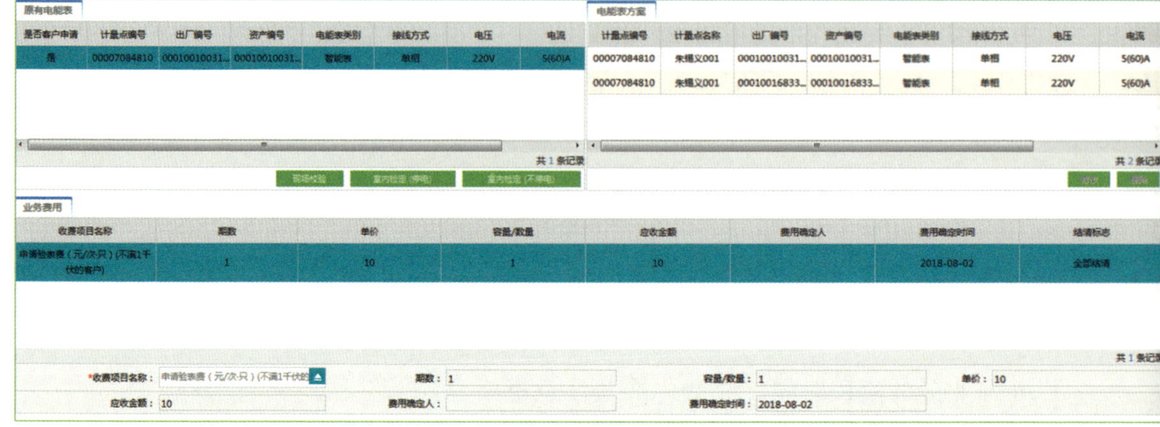

业务申请涉及营业收费项目的，需严格按照价格主管部门批准的项目、标准确定业务费用，告知客户交费渠道

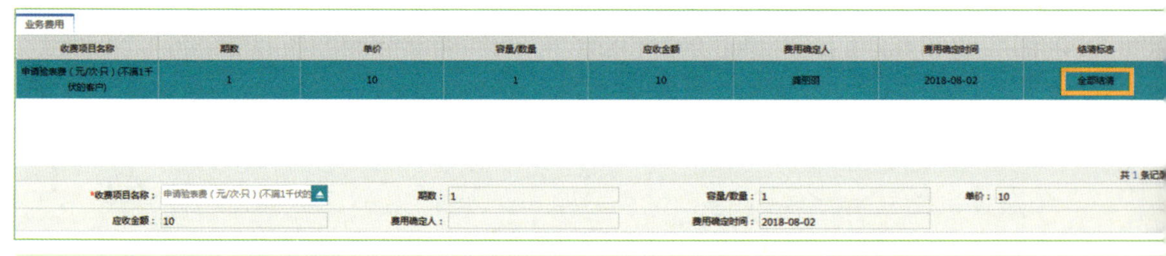

待费用结清后，“业务费用—结清标志”处显示“全部结清”

5. 服务预约确认

需要跟客户预约现场服务人员上门服务时间，以“约时”“约日”“约期”三种不同的预约方式，根据现场班组承载力和客户的意向与客户协商确定，约定好具体的上门服务时间。

（1）约时：服务调度人员需考虑已预约申请、地理位置、交通情况，明确上门服务时间，便于客户到场配合和作业班组合理安排作业，同时向客户推送作业时间、服务调度班与现场作业人员联系方式等信息。

（2）约日：服务调度人员需根据班组服务日承载工作量，告知客户工作完成时间，同时向客户推送作业计划、服务调度班与现场作业人员联系方式等信息。

（3）约期：服务调度人员需告知客户经理人员的安排、承诺的最长上门服务时限，同时向客户推送客户经理姓名及联系方式、服务调度班联系方式等信息。

三种预约方式的适用范围

预约模式	说明	适用作业情况
约时	客户到场，与客户预约具体时间点	查勘、电能表现场校验
约日	客户无需到场，与客户预约具体某一天开展并完成工作	装表接电
约期	客户不到场，与客户预约在某一天之前开展并完成工作	电能表现场校验

（三）营销业务流程发起

1. 正常流程下发

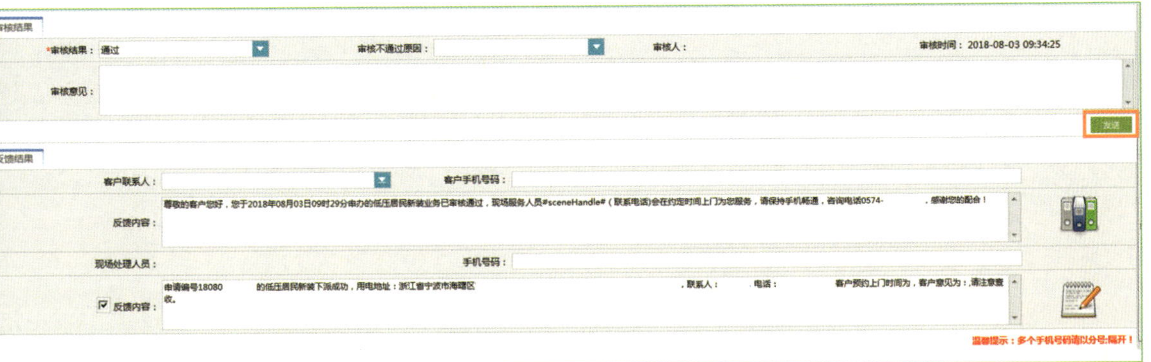

完成业务申请信息审核并保存后，系统自动生成流程编号。点击“发送”后，流程流转到下一环节

2. 异常流程处理

（1）客户流程冲突处理。若客户通过电子渠道多次提交，服务调度人员和客户电话核实后，终止重复流程。若同一户号多业务申请，服务调度人员和客户电话联系，告知第二个流程需待前流程完结后方可下发，服务调度人员开展流程跟踪，待前流程结束后，及时发起。

（2）客户未交纳业务费。针对电能表校验等业务，在业务费确认后，若客户未及时完成费用交纳，服务调度人员需通过电话或电子渠道等方式联系客户进行催缴，在规定时间内仍未交纳的，征得客户同意后终止流程。

（3）客户未上传申请单。针对“改类—基本电费计费方式变更”“改类—调需量值”“更改交费方式”“低压非居更名”等业务，在流程编号生成后，客户未及时完成表单上传的，服务调度人员需通过电话或电子渠道等方式联系客户上传，2 个工作日后仍未上传的，需联系客户催办或征得客户同意后终止流程。

二、服务调度

为确保业务全覆盖和风险可控，合理开展现场服务资源调配，有效开展服务管控，针对高、低压业扩及变更业务特点，服务调度可划分为“预约管控制”“客户经理制”“时限管控制”三类服务调度模式。

（一）预约管控制

预约管控制是指通过电子渠道受理营销业务后，由服务调度人员依据现场服务班组的承载力，对业务申请确定现场作业计划，完成客户预约并向基层班组派单。现场服务班组根据预约作业计划开展现场服务，向服务调度班反馈工作进展，作业完成后由服务调度人员回复客户。

1. 适用范围

预约管控制适用但不仅限于低压居民新装、低压非居民新装、低压居民增容、低压非居民增容、申请校验等业务。

2. 服务流程

（1）预约信息录入。

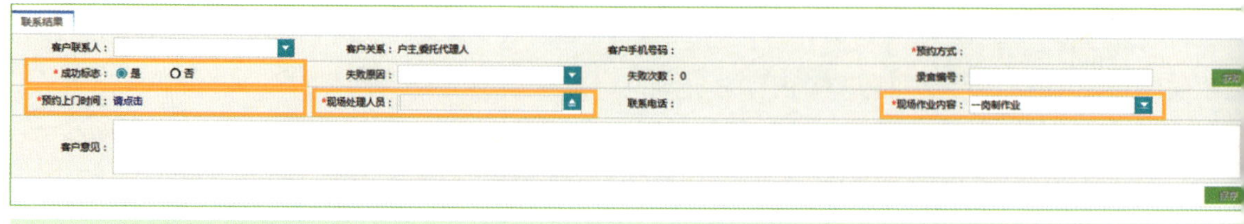

与客户确认预约上门时间后，在“联系结果—成功标志”处选择“是”表示预约成功。同时，选择预约上门时间、现场处理人员和现场作业内容，在“受理信息—申请备注”处填写客户的联系方式和具体要求，以便现场处理人员联系客户

选择预约上门时间

处理人员工号	处理人员	联系电话
D33031340	顾志康（停复电）	135
P33003369	海曙縻海挺	137
P33003338	王佳媛	135
D33013265	邹瑾（低压）	137

确定 返回

选择现场处理人员

（2）发送短信。

审核结果
*审核结果：通过
审核不通过原因：
审核人：
审核时间：2018-08-03 09:34:25
审核意见：
发送
反馈结果
客户联系人：
客户手机号码：
反馈内容：尊敬的客户您好，您于2018年08月03日09时29分申办的低压居民新装业务已审核通过，现场服务人员#sceneHandle#（联系电话)会在约定时间上门为您服务，请保持手机畅通，咨询电话0574-　　，感谢您的配合！
现场处理人员：
手机号码：
反馈内容：申请编号1808　　的低压居民新装下派成功，用电地址：浙江省宁波市海曙区　　，联系人：　　，电话：　　，客户预约上门时间为，客户意见为：，请注意查收。
温馨提示：多个手机号码请以分号;隔开！

信息保存完毕后，“反馈结果”处自动生成两条短信，点击“发送”，分别发送给客户和现场处理人员。流程发送到下一环节

3. 服务要点

（1）服务调度班与客户预约上门查勘时间，需根据基层班组排班情况以及客户意愿进行预约。

（2）现场服务人员应执行“两个电话”制度，具体指按预约时间到达现场后第一个电话告知到达情况，完成现场工作后第二个电话告知完成情况。

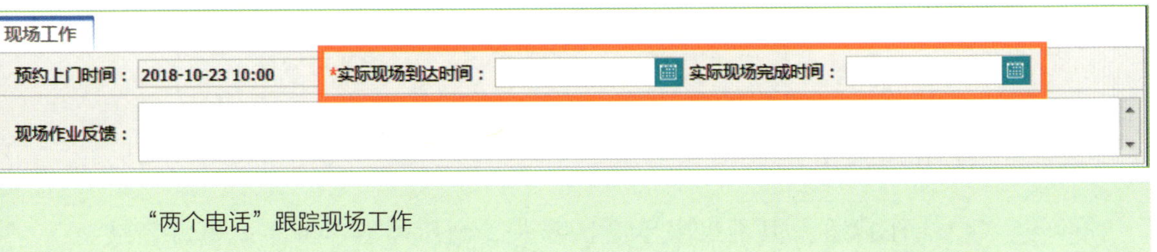

“两个电话”跟踪现场工作

（3）如现场服务人员遇到天气环境恶劣等不可抗力的情况或客户需要另行预约时间的情况下，服务调度人员可以在已预约现场未完成界面中点击预约改期按键进行预约改期。

供电单位	业务类型	业务子类	工单编号	用户编号	用户名称	用电地址	待预约环节	报装容量	预约人	受理时间
慈城服务区	低压非居民新装	低压非居民新装	180	500			勘查(装表)	160	王	2018-08-29 16:20
城区服务区	低压非居民增容	低压非居民增容	180	500			勘查(装表)	45	王	2018-08-29 15:30
慈城服务区	低压居民新装	低压居民新装	180	500			勘查(装表)	30	水	2018-08-29 14:58
高桥服务区	申请校验	申请校验	180	531			勘查(装表)		水	2018-08-29 14:53
洞桥服务区	低压居民新装	低压居民新装	180	500			勘查(装表)	8	王	2018-08-29 14:07
集士港服务区	低压居民新装	低压居民新装	180	500			勘查(装表)	8	王	2018-08-29 11:45

另存为：excel 第1 / 4页 页记录数15　当前 1 - 15 条记录，共 47 条记录

锁定　解锁　预约改期　处理

“预约改期”系统界面图

（4）现场服务人员经查勘后如现场不具备报装条件，需将查勘结果告知服务调度班，并将流程归档。

（二）客户经理制

客户经理制是指通过电子渠道受理营销业务后，服务调度人员集中分配客户经理资源，将客户经理联系方式及服务时限要求告知客户的服务调度模式。对内部专业协同环节进行在线预警和催办，对业扩关键环节开展客户电话联系、核实工作进展、服务质量，对问题开展闭环管控。

1. 适用范围

客户经理制适用但不仅限于高压新装、高压增容、分布式电源新装、分布式电源增容、装表临时用电等业务。

2. 服务流程

（1）选择联系结果。

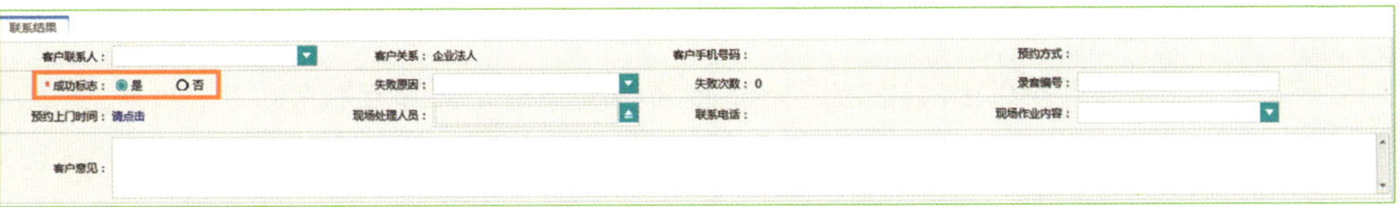

在“联系结果—成功标志”处选择“是”即可，表示预约成功

（2）发送短信。

反馈结果

客户联系人：　客户手机号码：

反馈内容：尊敬的客户您好！您于2018年08月02日申请的高压新装业务：　客户经理会在2个工作日上门为您服务，请保持手机畅通，咨询电话0574-　，感谢您的配合！

现场处理人员：　手机号码：

反馈内容：户号：　户名：　申请编号为　的高压新装已受理，请尽快完成勘查派工。

温馨提示：多个手机号码请以分号;隔开！

信息保存完毕后，“反馈结果”处自动生成短信发送给客户，告知其业务已受理。客户经理应在规定时限内联系客户预约上门服务时间

3. 服务要点

（1）客户经理制无需服务调度人员与客户预约上门时间，此环节由客户经理完成。

（2）服务调度人员及时跟踪业务流程，确保流程在2个工作日内完成查勘派工。

（3）供电方案答复环节，联系客户核实业务受理“一次性告知”、供电方案答复等情况，如发现存在问题，服务调度人员需发工作联系单（详见附表1）至相关班组，要求1个工作日内回复处理情况，服务调度班于当日内将处理结果答复客户。

（4）竣工验收环节，联系客户核实是否存在“三指定”“吃拿卡要”等违规行为，如发现存在以上问题，服务调度人员需发工作联系单至相关班组，要求1个工作日内回复处理情况，服务调度班于当日内将处理结果答复客户。

（5）送（停）电管理环节，联系客户核实是否如期送电、存在违规收费等情况，如发现存在以上问题，服务调度人员需发工作联系单至相关班组，要求1个工作日内回复处理情况，服务调度班于当日内将处理结果答复客户。

（三）时限管控制

时限管控制是指通过电子渠道受理营销业务后，服务调度人员根据确定的业务时限标准开展业务处理的预警和督办。业务办结后，将业务办结信息推送至客户。

1. 适用范围

时限管控制适用但不仅限于更名、过户、改类—基本电价计费方式变更、改类—调整需量值、改类—居民调分时表、更改交费方式—增值税变更等流程。

2. 服务流程

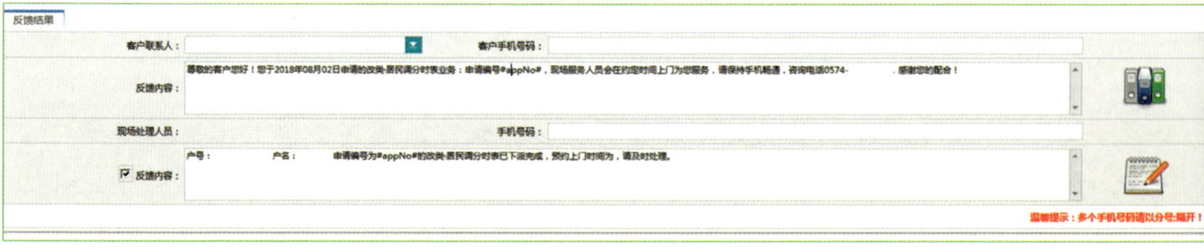

告知客户申请的业务所需完成的时限后，点击“保存”，在“反馈结果”处自动生成短信发送给客户，点击“发送”，告知其业务已受理

3. 服务要点

（1）服务调度班负责与客户核对资料，并告知相关业务完成时限。

（2）服务调度班对未在时限内完成的业务进行催办、督办。

三、客户档案管理

客户档案管理是指在线上业务受理和服务调度环节后，将客户资料添加至智能客户档案管理系统。

（一）待添加档案

选中需要添加档案的工单，点击添加，将其添加至“待整理档案”中。

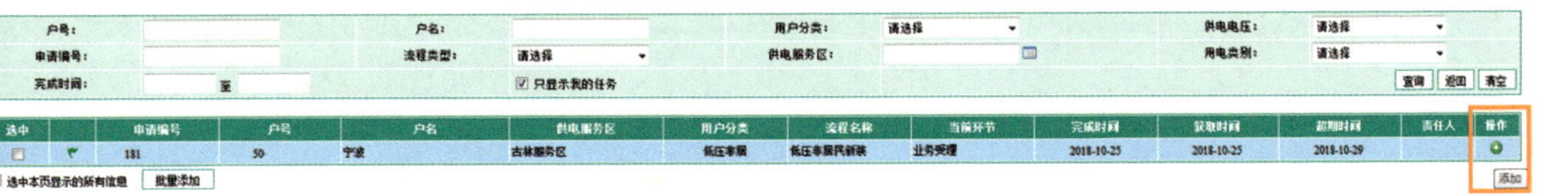

（二）待整理档案

查询条件

申请编号： 户号： 开始时间： 至 查询 返回 清空

选中	申请编号	户号	户名	供电服务区	流程类型	处理环节	开始整理时间	整理超期时间	状态	操作
				古林服务区	过户	业务受理	2018-10-24		整理中	
			潘	洪塘服务区	过户	业务受理	2018-10-24		整理中	整理档案
			张	古林服务区	过户	业务受理	2018-10-24		整理中	
			董	高桥服务区	过户	业务受理	2018-10-24		整理中	
			宁	洪塘服务区	过户	业务受理	2018-10-24	2018-10-26	整理中	
			沈	洪塘服务区	过户	业务受理	2018-10-24		整理中	

选中本页显示的所有信息 批量发送所选档案

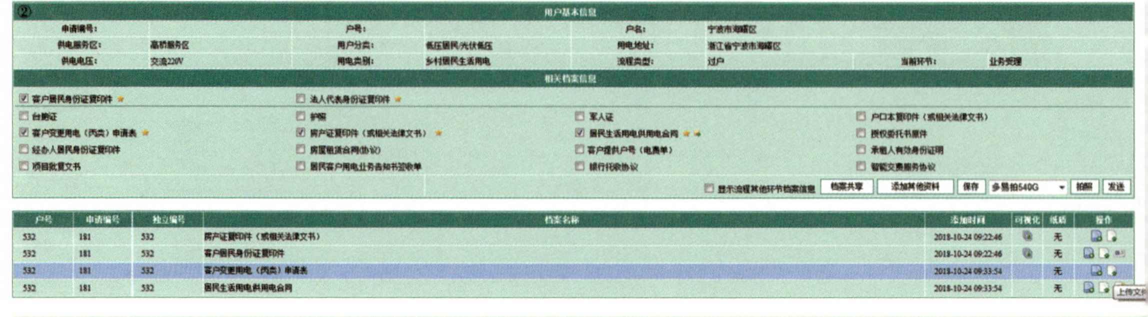

户号	申请编号	独立编号	档案名称	添加时间	可视化	纸质	操作
532	181	532	房产证复印件（或相关法律文书）	2018-10-24 09:22:46		无	
532	181	532	客户居民身份证复印件	2018-10-24 09:22:46		无	
532	181	532	客户变更用电（丙类）申请表	2018-10-24 09:33:54		无	
532	181	532	居民生活用电供用电合同	2018-10-24 09:33:54		无	

①进入“待整理档案”，选择需要整理的工单，点击“整理档案”

②勾选缺失的“必备档案（带星号）”点击保存，上传相应的资料后点击发送

（三）待审核档案

查询条件：申请编号：　移交人：请选择　工号：　户号：　查询　返回　清空

选中	申请编号	户号	户名	供电服务区	流程类型	处理环节	收集员	完成整理时间	移交超期时间	用户分类	操作
☐			王	城区服务区	改类	业务受理	王	2018-10-24	2018-10-31	低压居民	

独立编号	申请编号	流程名称	环节名称	档案名称	责任人	添加时间	类型	操作
		改类	业务受理	客户变更用电（乙类）申请表	王	2018-10-24	电子	通过
		改类	业务受理	客户居民身份证复印件	王	2018-10-24	电子	

选中	申请编号	户号	户名	供电服务区	流程类型	处理环节	收集员	完成整理时间	移交超期时间	用户分类	操作
☐			王	城区服务区	改类	业务受理	王	2018-10-24	2018-10-31	低压居民	

独立编号	申请编号	流程名称	环节名称	档案名称
500	181	改类	业务受理	客户变更用电（乙类）申请表
500	181	改类	业务受理	客户居民身份证复印件

选中	申请编号	户号	户名	供电服务区	流程类型	处理环节	收集员
☐	181	500	朱	洪塘服务区	低压居民新装	业务受理	王
☐	181	500	沙	洪塘服务区	改类	业务受理	王青

退回原因说明：退回原因样式：　退回原因描述：　新增退回原因　退回　关闭

①进入“待审核档案”，审核客户档案资料是否齐全、无误，审核通过则点击“通过”

②若有缺失或错误，则点击“退回”，并填写“退回原因样式”和“退回原因描述”

（四）已审核档案

查看已完成审核的档案文件。

查询条件：卷宗编号：　户号：　用户分类：请选择　审核时间：　至　☑只显示我的已审查　查询　返回　清空

选中	卷宗编号	户号	户名	供电服务区	用户分类	审核时间	状态	操作
☐	B1170609001					2017-06-09	已审查	

选中	独立编号	申请编号	流程名称	环节名称	档案名称	户号	户名	责任人	页码	添加时间	操作
☑			过户	业务受理	客户变更用电（丙类）申请表		陈	水	1	2017-06-09	
☑			过户	业务受理	客户居民身份证复印件		陈	水	2	2017-06-09	查看
☑			过户	业务受理	居民生活用电供用电合同		陈	水	3	2017-06-09	
☑			过户	业务受理	房产证复印件（或相关法律文书）		陈	水	4	2017-06-09	
☑			改类	业务受理	客户变更用电（乙类）申请表		季	水	5	2017-07-06	
☑			改类	业务受理	客户居民身份证复印件		季	水	6	2017-07-06	
☑			改类	业务受理	客户变更用电（乙类）申请表		董	水	7	2017-07-18	
☑			改类	业务受理	客户居民身份证复印件		董	水	8	2017-07-18	
☑					房产证复印件（或相关法律文书）		宁	郑	9	2017-07-28	

四、流程终止审核

流程终止是指营销业务流程的终止。服务调度班负责对各基层班组发起的营销业务流程终止开展审核和客户确认，对确认无误的需及时在供电服务调度平台操作终止。

因客户自身原因、业务重复申请、系统运行异常等原因引起各类营销业务流程需要终止时，由各基层班组按实际情况填写营销业务流程终止审批单（详见附表7），经审批同意后，将营销业务流程终止审批单扫描件发送至服务调度班。通过审核终止原因，杜绝流程随意终止、违规终止等情况。

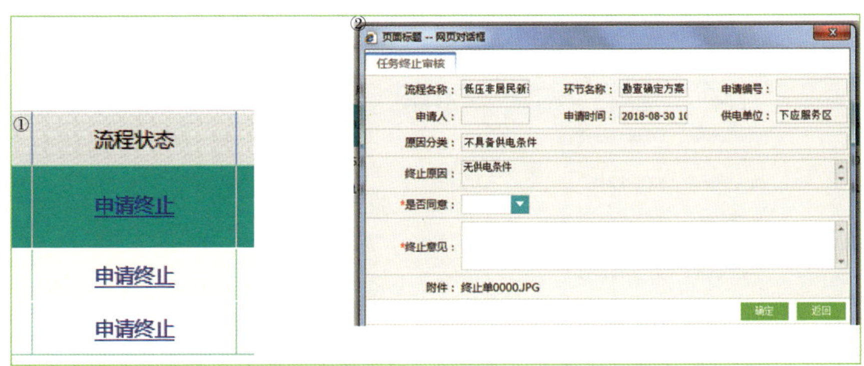

① 进入供电服务调度平台服务管控，选中工单，点击“申请终止”

② 填写带 * 号信息，点击确定，完成流程终止

服务调度班在接到各基层班组提交的营销业务流程终止审批单扫描件后，需在3个工作日内核实营销系统业务流程信息，联系客户确认流程终止原因，若客户同意终止，则在系统中予以终止；若客户不同意，则需退回所属班组处理。

五、客户回访

（一）业扩流程回访

在流程归档后 1 个工作日内对客户进行电话回访，联系客户确认工作结果并征询“一次性告知”和“三不指定”执行情况及现场服务工作质量等内容。

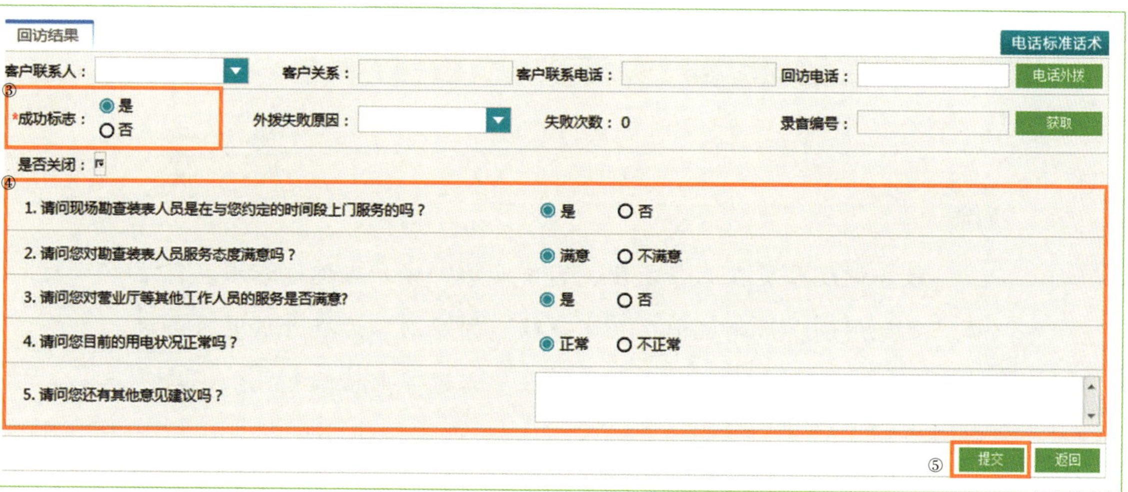

①点击“业务回访”

②点击需要办理的“工单编号”

③与客户取得联系后，点击成功标志的“是”选项

④按照顺序进行客户满意度调查

⑤完成联系后，点击“提交”

（二）校表结论通知

对于表计申校业务，服务调度班需在接到表计申校结果后1个工作日内电话联系客户，告知客户表计检测结果。

对申校结果不合格的客户，在通知客户领取检测报告的同时，提醒客户携带身份证件、业务发票及银行卡号，到当地供电营业厅办理退费手续。如客户对表计申校结果坚持不认可，服务调度班以工作联系单形式下发至相关部门协助客户分析计量装置运行情况。

六、话术与礼仪

服务调度人员在业务受理、客户回访、客户咨询过程中，需遵循“规范用语、语速适中、表述准确”的原则。为提升供电服务调度质量、提高客户感知，服务调度人员需遵守电话服务礼仪，规范服务用语。

（一）业务受理环节参考话术

业务受理环节中，服务调度人员需通过电话与客户核对申请信息，告知办理业务的流程时限、收费标准及注意事项等。预约管控模式下还需与客户预约服务时间，客户经理制模式下需告知客户接续环节服务时限。

业务受理环节参考话术

环节目标	参考话术	预约管控制	客户经理制	限时办结制
开场白及客户身份确认	您好，我是××供电公司服务调度人员，请问您是×女士/先生吗？	√	√	√
确认通话条件	请问您现在方便吗？/不好意思，可以打扰您几分钟吗？	√	√	√
确认申请渠道及业务类型	请问×月×号您来营业厅/通过掌上电力申请办理了××业务是吗？	√	√	√
业务须知告知	（根据具体业务场景介绍，如峰谷电开通业务需告知时段及电价、过户业务需告知特抄电费结算、校表业务需告知相关费用）您办理的××业务后续流程环节主要包括××、××，涉及的费用为××共××元（根据实际情况）。	√	√	√
预约服务时间	我们想与您预约下我们工作人员的上门服务时间，请问您××日××点在现场吗？	√	—	—
确认服务时间	××日××点左右我们将安排工作人员上门为您服务，到达现场之前我们工作人员将提前与您联系，请您保持××××××此联系电话畅通，由于现场需要您进行确认工作，届时您也需要到达现场。	√	—	—
再次核对客户信息及诉求	我们跟您核对一下信息，您的××××（核对客户基础信息及申请的内容）信息是否正确？	√	√	√
告知接续环节服务时限	客户经理在2个工作日内与您联系预约上门查勘时间，请您保持电话畅通。	—	√	—
告知全业务服务时限	您办理的业务会在×个工作日内完成，如有问题您可拨打5110××××进行咨询。	—	—	√
征询客户疑虑	请问还有什么可以帮您？	√	√	√
结束语	感谢您的接听，祝您生活愉快，再见！	√	√	√

（二）客户回访环节参考话术

客户回访环节中，服务调度人员需针对办电便捷度、“一次性告知”执行情况、现场服务质量、人员服务规范性等方面开展调查，征询客户其他诉求。对客户反映的不满意问题做好客户安抚，并记录派发相关部门处理。

客户回访环节参考话术

环节目标	参考话术
确认客户身份及通话条件	您好，我是××供电公司服务调度人员，请问您是××（地址/单位）××先生/女士吗？很抱歉打扰您几分钟，我们对您前期办理的业务进行回访。
办电便捷度调查	（若用户在营业厅办理）请问您办理此项业务，一共到营业厅几次？
“一次性告知”执行情况调查	（若客户在营业厅办理）请问营业厅人员有告知您业务流程及一些相关注意事项吗？（可根据业务流程类型提醒用户一些需要告知的内容） （若用户在“掌上电力”APP办理）请问服务调度人员有告知您业务流程及一些相关注意事项吗？（可根据业务流程类型提醒用户一些需要告知的内容）
到达现场准时性调查	请问现场工作人员是否在与您约定的时间上门服务的？
人员服务规范性调查	请问您对我们现场工作人员、营业厅等其他工作人员的态度满意吗？
服务质量问题致歉及派发	（如客户对某项工作不满意或反映的问题无法立即答复）十分抱歉，××问题给您带来了不良的感受，我们已经记录，并将立即派发相关单位处理，××个工作日内将联系答复您，请您耐心等待。您也可以再次拨打此电话查询处理进度。
查询客户疑虑	请问您还有其他的意见建议吗？
结束语	感谢您的配合，祝您生活愉快，再见！

（三）客户来电咨询参考话术

客户来电咨询过程中，服务调度人员需准确判断客户所咨询的业务类型，主动引导客户提供准确的用电基础信息并与客户核对确认，按相关法律法规或规章制度正确、简单、准确地答复或给出解决方案，对无法立即答复的问题，需详细记录客户诉求，3 个工作日内电话回复客户。

客户来电咨询参考话术

环节目标	参考话术
开场白及需求问询	您好，这里是 ×× 供电公司服务调度人员，请问有什么可以帮助您？
问题确定	您要咨询的问题是 ××，对吗？
答复或记录派发	（如可直接答复）经查询，×××。
	（如无法直接答复）您咨询的问题，因为 ×× 的原因，无法立即答复您，我们已经记录，并将立即派发相关班组处理，3 个工作日内将联系答复您，请您耐心等待，您也可以再次拨打此电话查询处理进度。
征询客户疑虑	请问您还有其他的疑问吗？
结束语	祝您生活愉快，再见！

（四）话务礼仪

服务调度人员主要通过接打电话的方式与客户进行信息互通，通话过程中，需运用服务性倾听和规范性语言表述信息、交换意见、受理诉求，并需做到语气平和、语调轻松、用词规范。

1. 呼入接听

原则上需在来电响铃三声（12秒）内接听电话，超过三声（12秒）接听的需向客户致歉。首先以普通话致问候语，当客户要求使用方言时，可使用方言交流。接听时需认真聆听、热情解答、重要内容需重复确认并详细记录。

2. 外拨电话

电话回访或回复客户咨询提问等外拨工作，原则上不宜安排在午休时间或晚上22：00后开展。若已提前与客户约定通话时间的，需按约定时间拨

打客户电话。当客户表示不方便接听电话时，需向客户致歉并另行约定通话时间。电话接通后，需报单位名称，主动问候并确认客户身份，简要说明致电事由。

3. 短信服务

向客户发送的手机短信需统一冠名、短信末尾需署单位名称，短信内容需能完整表述事由，预留咨询电话，并做到精炼、准确。

4. 话务禁忌

服务调度人员与客户通话过程中需使用规范用语，尽量不使用生僻的电力专业术语，不得与客户发生争执，不随意打断客户，通话未结束时不得挂断对方电话，常见的规范用语和禁语详见附表 5。

第三篇

服务管控篇

服务管控篇按照供电服务管控流程分为服务资源管理、服务过程管控和服务质量管控三个模块，将服务调度班组和相关基层班组日常工作的重点及要点进行说明，为供电服务调度工作的整体管控提供参考。

一、服务资源管理

服务资源，是指客户向供电企业提出用电申请后，供电企业能够提供客户现场服务所需要的专业服务人员与队伍，包括但不限于高压客户经理姓名、联系方式、技能等级等。

服务资源管理，是指对从事现场查勘、表计安装、电能表申校、现场综合服务等工作的人员与队伍现场服务的承载力评估，特殊情况下现场服务资源调整等。

（一）客户经理制

客户经理制下，高压客户经理班应负责核实各客户经理姓名、联系电话、技能等级等信息清单，并录入系统，及时调整客户经理信息，实现系统动态更新。

（二）预约管控制

各基层班组根据城区、农村等不同区域投入可查勘、装表、电能表现场校验的队伍及作业次数，编制现场服务承载力清单，按日编制，按周提交。服务调度班需在 1 个工作日内将各基层班组的服务承载力录入供电服务调度平台。

当客户申请业务量持续突增，使得基层班组服务承载力超过供电服务承诺时限标准的，以及因台风、雪灾等不可抗力原因引起各基础班组现场服务承载力不能满足客户服务需求时，服务调度班需视情况及时启动应急处置方案。

服务调度班根据基层班组承载力实际运营情况定期分析，向营销部（客户服务中心）提出重新核定承载力建议。

二、服务过程管控

服务过程是指业务受理的全过程和服务调度的全流程。服务过程管控的内容可根据服务调度模式划分为“预约管控制”“客户经理制”“时限管控制”。具体来说，服务过程根据工单类型，又可分为作业现场管控和流程时限管控。

服务过程

工单类型	服务模式		
	预约管控制	客户经理制	时限管控制
作业现场管控	·	·	无
流程时限管控	·	·	·

一般情况下，服务调度人员需对各类型业务开展主动跟踪，并对业务流程关键环节进行时限预警。具备条件的，可通过移动作业终端地理位置定位开展催办、督办。对接到客户通过“掌上电力”APP或电话催办时，需核查业务流程当前停留环节及停留原因，及时协调班组处理并答复客户。

（一）预约管控制

1. 作业现场管控

采用预约管控制模式的业务，工作重点为对现场预约作业时间的管控。对现场预约作业时间到期前10分钟未汇报作业情况的，服务调度人员需及时进行催办，督促作业人员按约定时间完成作业；若作业人员无法按约定时间完成作业，服务调度人员需明确具体原因及预计到达现场时间，并立

即及时联系客户说明情况；对于长时间超时未到现场并催办无果的情况，向责任单位（班组）下发工作督办单（详见附表6）并要求1个工作日内反馈处理情况。

处理情况	服务调度人员处理内容
现场预约作业时间到期前10分钟未汇报作业情况	及时进行催办，督促作业人员按约定时间完成作业
作业人员无法按约定时间完成作业情况	明确具体原因及预计到达现场时间，并及时联系客户说明
长时间超时未到现场并催办无果情况	向责任单位（班组）下发工作督办单并要求1个工作日内反馈处理情况

预约管控制作业现场管控

2. 流程时限管控

依托供电服务调度平台，服务调度班对低压业扩流程各环节进行时限管控，重点管控业务受理至装表接电之间的流程时长。

对达到预警阈值仍未完成的流程进行催办；对达到办理时限仍未完成的流程进行跟踪督办，向责任单位（班组）下发工作督办单并要求 1 个工作日内反馈处理情况。

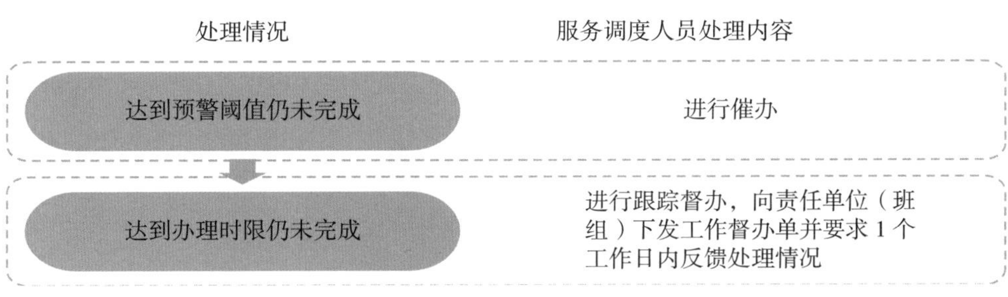

预约管控制流程时限监控

（二）客户经理制

1. 作业现场管控

采用客户经理制模式的业务，服务调度人员重点应跟踪客户经理联系客户情况。若未在 2 个工作日内联系客户处理，则进行催办；催办无果的情况下，向责任单位（班组）下发工作督办单并要求 1 个工作日内反馈处理情况。

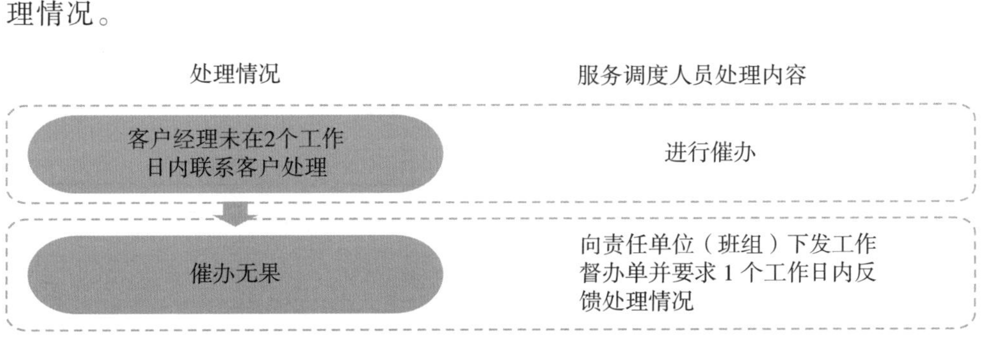

客户经理制作业现场管控

2. 流程时限管控

依托业扩全流程实时管控平台对高压业扩流程开展全过程管控，服务调度人员对业务流程各环节进行时限管控，重点管控供电方案答复、设计审核、中间检查、竣工验收、装表接电和客户受电工程、电网配套工程等关键环节。

对达到预警阈值仍未完成的流程进行催办；对达到办理时限仍未完成的流程进行跟踪督办，向责任单位（班组）下发工作督办单并要求 1 个工作日内反馈处理情况。

处理情况	服务调度人员处理内容
达到预警阈值仍未完成	进行催办
达到办理时限仍未完成	进行跟踪督办向责任单位（班组）下发工作督办单并要求1个工作日内反馈处理情况

客户经理制流程时限管控

（三）时限管控制

采用时限办结制模式的业务，无现场工作环节，故服务调度人员仅需开展流程时限管控。

对达到时限预警阈值仍未完成的流程进行催办；对达到办理时限仍未完成的流程进行跟踪督办，向责任单位（班组）下发工作督办单并要求 1 个工作日内反馈处理情况。

处理情况	服务调度人员处理内容
达到预警阈值仍未完成	进行催办
达到办理时限仍未完成	进行跟踪督办，向责任单位（班组）下发工作督办单并要求1个工作日内反馈处理情况

时限管控制

三、服务质量管控

服务质量是指服务调度工作能够满足客户需求的程度。具体的管控措施可分为客户诉求管理和客户满意度管理。

（一）客户诉求管理

服务调度人员在客户互动过程中，接到客户提出的诉求、建议时，需依据业务规范进行适当解答。若无法即时解答，需详细记录客户诉求问题以及户号、用电地址、客户联系电话等信息，下发工作联系单（详见附表1）至相关部门（班组）处理，由相关部门（班组）在3个工作日内反馈处理结果。服务调度班需跟踪督办处理进程，并反馈客户最终处理结果。

（二）客户满意度管理

服务调度人员通过电话主动联系客户，了解客户在办理业扩报装过程中对供电服务工作的评价信息、满意程度及建议，从而进一步提升客户满意度。

1. 回访不满意处置

对于客户回访评价不满意的情况，服务调度班需详细记录客户不满意点、用电信息、联系电话等内容，在1个小时内发送客户回访不满意督办单（详见附表8）至相关责任部门（班组）核实处理，责任班组接到客户回访不满意督办单后，按督办单中约定的时间将处理结果反馈给服务调度班。

回访结果　　　　电话标准话术

客户联系人：		客户关系：		客户联系电话：	13　　00	回访电话：	13　　00	电话外拨
*成功标志：	◉是 ○否	外拨失败原因：		失败次数：0		录音编号：		获取
是否关闭：								

1. 请问现场勘查装表人员是在与您约定的时间段上门服务的吗？	◉是 ○否
2. 请问您对勘查装表人员服务态度满意吗？	◉满意 ○不满意
3. 请问您对营业厅等其他工作人员的服务是否满意?	◉是 ○否
4. 请问您目前的用电状况正常吗？	◉正常 ○不正常
5. 请问您还有其他意见建议吗？	

提交　返回

2. 典型业扩问题处置

对回访发现的典型业扩不规范问题，服务调度班需及时向供电服务指挥中心领导汇报，由中心组织开展现场穿透分析，并将现场穿透分析报告和考核意见提交至营销部（客户服务中心）。

第四篇

应急处理篇

应急处理篇用于支持服务调度人员日常工作过程中遇到的突发情况与紧急事件，旨在提高服务调度人员对突发事件的处理速度，保障服务调度人员在紧急情形下的服务质量，预防或最大程度减轻现场紧急事件带来的危害。本篇规定了服务调度应急事件分级以及相应处理流程，并列举了常见应急处理案例，为服务调度人员处理突发情况与紧急事件提供了参考。

一、应急处置基本原则

应急处置需坚持“居安思危、预防为主，快速反应、协同应对”原则，保证在出现突发事件后，在供电服务指挥中心的统一协调指挥下，明确分工，有条不紊、安全高效地处理好突发事件，快速恢复正常供电和工作。

二、应急处置流程

服务调度应急事件主要包括一般应急事件与紧急应急事件。

一般应急事件是指影响在班组层面可协同解决的事件，包括服务资源紧缺、线上业务突增、客户坚持不合理诉求等。

紧急应急事件是指可能造成影响范围较大或可能造成严重影响的事件，包括业务支持系统故障、办公场所停电、办公网络及电话故障、群体性服务事件等。

（一）一般应急事件

1. 应急处置流程

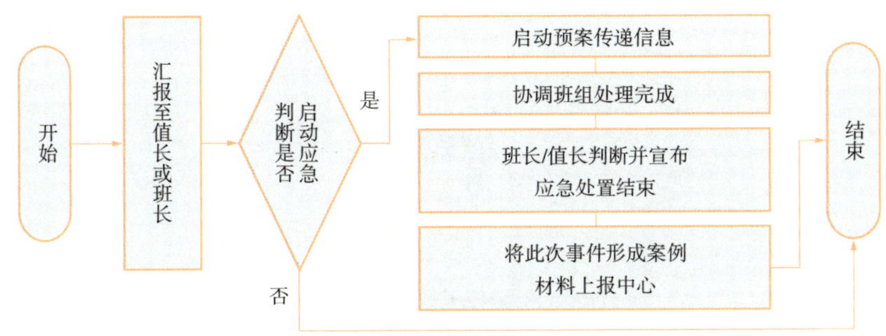

一般应急事件处理流程（班组层面解决）

2. 应急处置案例

（1）现场服务资源紧缺。

基层班组服务承载力无法满足供电服务承诺时限标准的，以及因不可

抗力因素引起各基层班组现场服务承载力不能满足客户服务需求时，启动应急预案。

处置方式包括：要求基层班组或供电所增加服务资源，与客户电话解释，通过短信通知。

消除影响后，由班（值）长判断并宣布处置流程结束。结束后一个工作日内，形成书面案例上报中心备案。

（2）线上业务量突增。

班（值）长判断当前业务量超出服务调度班承载力，可能造成工单无法及时下派时，启动预案。

处置方式包括：安排班组人员加班处理，临时安排人员支援，优先处理业扩类工单以及高压变更等可能对电费有影响的流程，电话短信告知客户。

重新评估班组承载力是否足够，如人员短缺，则安排人员招聘。

（3）客户坚持不合理诉求。

服务调度人员应立即安抚客户，同时将事件汇报班（值）长，由班（值）长出面与客户沟通处理。

事件结束一周内分析处置情况，并形成书面案例上报中心备案。

（二）紧急应急事件

1. 应急处置流程

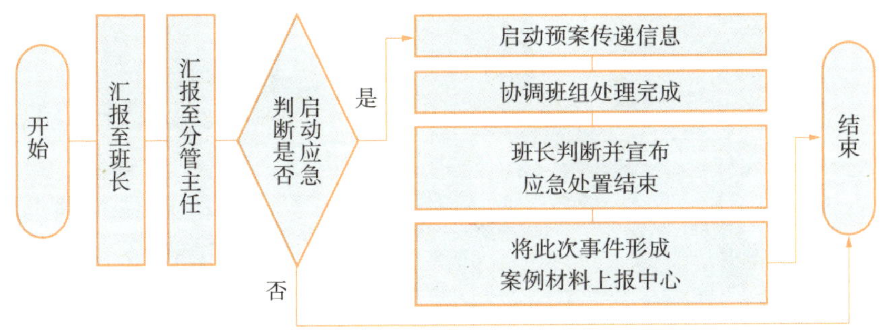

紧急应急事件处理流程（由中心分管主任宣布启动）

2. 应急处置案例

（1）业务支撑系统故障。

发生后立即汇报班长，由班长汇报分管领导，如判断超过 3 小时无法恢复的，电话联系客户告知并解释情况，争取客户理解，及时跟踪系统后续处理情况。

系统恢复后，一个小时内未再次发生故障，宣布应急事件结束，消除后续影响。

事件结束后 1 个工作日内汇总分析事件影响，形成书面材料上报中心。

（2）办公场所停电。

发生后立即汇报班长，由班长汇报分管领导，由班长或分管领导联系综合服务公司应急联系人，并督促处理进度。协调在未停电的部门，安排少量临时工位处理紧急流程。

停电预计长时间无法恢复的，由值长拟定重要服务事项报备。恢复后安排人员加班处理积压流程，消除后续影响。

事件结束后 1 个工作日内汇总分析事件影响，形成书面材料上报中心。

（3）办公网络或电话故障。

发生后立即汇报班长，由班长汇报分管领导，由班长或分管领导联系信通公司应急联系人，并督促处理进度。协调在未发生故障的部门，安排少量临时工位处理紧急流程。

办公网络或电话故障预计长时间无法恢复的，由值长拟定重要服务事项报备，经班长审核后上报。恢复后安排人员加班处理积压流程，消除后续影响。

事件结束后 1 个工作日内汇总分析事件影响，形成书面材料上报中心。

（4）群体性服务事件。

立即安抚客户，并汇报班长，由班长汇报分管领导，对于影响范围大、影响恶劣、可能造成舆情事件的情况，联系相关责任部门及办公室，由相关责任部门及办公室启动应急预案。

持续跟踪事件处置情况，事件结束后 1 个工作日内汇总分析本次处置响应情况，形成书面材料上报中心。

三、应急事件总结评估

应急处理后形成应急处理报告，针对事件本身、处理过程和处理结果进行详细分析。具体包括处理人员在事件处理中是否有效控制事件发展，事件风险辨识是否准确、类型是否合理、防范和控制措施是否完备，分析本班组以及配合部门在应急过程中的职责分配与业务是否匹配等内容。若发现处理过程中存在问题和不足，需及时修订应急预案。

应急处理报告主要内容

评估报告模块	主要内容
基本信息	汇总发生时间、风险类型、事件相关方等基本信息
处理情况	描述处理方案选择、处理结果等处理情况汇总
结果反馈	根据应急管理评估表（详见附表9），评估应急资源需求是否符合预期、处理效果是否符合预期等情况
改进建议	总结处理过程中存在的问题和不足

附　录

服务调度班常用工作表格

附表 1　服务调度班工作联系单

日期：__________　　　　编号：__________

事　由：	
主　送：	抄　送：
主要事项	
审　批：　　联系人：　　电　话：	

附表 2　培训总结记录表

培训时间：	培训课时：	培训地点：
培训课程		
培训讲师		
参培人员		
培训形式	□集中授课　□现场操作　□ 线上培训　□其他：________________	
培训内容总结		
培训效果总结		

附表 3　服务调度班交接班日志

<table>
<tr><td colspan="2">交班时间：　　　月　日　时　分</td><td>接班时间：　　　月　日　时　分</td></tr>
<tr><td colspan="2">交班人：</td><td>接班人：</td></tr>
<tr><td>待处理事项</td><td colspan="2"></td></tr>
<tr><td>跟进处理情况</td><td colspan="2"></td></tr>
<tr><td colspan="3">班（值）长确认签字：________________</td></tr>
</table>

本表单适用于服务调度班交接班时使用，交接班人员必须严格按照表单说明规范填写。具体填写要求如下：

（1）待处理事项：包含未处理完成的业务流程、客户反映问题等。

（2）交接事项：由交班人填写、值长确认。

（3）跟进处理情况：由接班人填写、值长确认。

（4）班（值）长确认签字：班（值）长应审核交接班情况，确认无误后签字。

附表 4　服务调度班工作日志

日期：__________　　　　　　　　　　　　　　　　　记录人：__________

一、人员情况
人员到岗情况：应到　　　人，实到　　　人 未到人员原因说明：
二、工作小结
三、班组交流
四、班组学习
五、其他

附表 5　常见规范应答语言和服务禁语

序号	语言环境	规范应答语言	服务禁语
1	询问客户姓名	1. 先生、女士请问您贵姓？ 2. 先生、女士请问怎么称呼您？	叫什么名字？
2	询问客户信息对方不愿告知	为了方便工作人员与您联系，为您服务，麻烦提供一下您的联系信息？	你不告诉我，我也没办法。
3	对方通话质量不佳时	1. 不好意思，您这边通话质量不佳，您方便调整一下位置吗？ 2. 不好意思，您那边信号不是很好，您能换一部手机打过来吗？ 3. 对不起，先生 / 小姐这边听不清您的声音，麻烦您大声一点，好吗？ 4. 很抱歉，可能因为信号或者线路原因，我这边听不清楚您的讲话，您可以提供其他号码，我这边给您回拨吗？	你说什么，我听不清。
4	当错误称呼客户后	立即更正并适时道歉“张先生，对不起……”	未表示歉意，直接改称呼。
5	客户责怪电话应答慢	对不起，线路较慢，感谢您的耐心等待，请问有什么可以帮您？	1. 没办法，我们这里比较忙； 2. 现在电话高峰。
6	当客户来电表扬客服人员	这都是我们应该做的，谢谢您对我们的信任与支持。	不做回应，未表示感谢。
7	询问电话地址	为了方便工作人员上门，您能提供联系号码和地址给我吗？	电话号码多少？地址哪里？
8	询问故障现象	请问你的电表故障现象是什么？	什么问题？
9	需客户重复相关信息	对不起，请您再重复一遍好吗？	“什么？”或“啊？”
10	客户咨询上门时间	工作人员会在预约时间前与您联系确定具体上门时间，请您耐心等待。	不是我上门，我又不清楚什么时候上门。
11	客户对服务表示不满	1. 对不起，给您添麻烦了，我们尽快核实后与您联系，您看好吗？ 2. 很抱歉给您添麻烦了，您的问题我们马上帮您反馈，请相信我们一定会解决的。	1. 好，我去问一下。 2. 那你说怎么办？ 3. 不做回应。 4. 停电跟我们没关系。
12	客户对服务时间表示质疑	请您放心，我们的工作人员会尽快与您联系，为您服务的。	师傅很忙，到时候会跟你联系的。

续表

序号	语言环境	规范应答语言	服务禁语
13	客户打错电话	对不起，这边是 ×× 供电公司。	电话打错了。
14	客户表示感谢（肯定）	不用客气，这是我们应该做的。	1. 嗯、是啊。 2. 不做回应。
15	需登记客户基本信息	为了方便之后的服务，您方便留下您的详细信息吗？	直接询问客户的详细信息，不进行解释和征询。
16	客户提出建议	好的，非常感谢您的宝贵建议，我们会根据您的建议不断改进我们的服务 / 我们会将您的意见反馈给相关部门。	好的，我知道了。
17	客户说话快、急躁	1. 先生 / 女士您先别着急，请慢慢说。 2. 先生 / 女士，您的心情我能理解，请您慢点说好吗？	1. 你说慢点，听不懂！ 2. 你慢点说！
18	无法立即答复客户的问题	1. 对不起，您的问题暂时无法答复您，我已记录下来，工作人员稍后与您联系，您看可以吗？ 2. 对不起，您的这个问题比较特殊，请稍等，我帮你查一下。	这个我也不知道、这不是我负责的，不清楚 / 可能…… 这个问题不是我们部门处理的。
19	遇到操作界面反映较慢或进行相关资料查询需要客户等待时	1. 应先征求客户的意见：“对不起，请您稍等片刻，好吗？”在得到客户同意后再进行相关操作。 2. 查询完毕后先致谢：“感谢你的耐心等待！”	你等一下，我们这边系统有问题。
20	需要客户记下相关信息时	麻烦您拿笔记一下好吗？ / 您这边方便记录一下吗？	未知会客户，直接告知查询信息。
21	请求客户先挂机	请您先挂机好吗？	不征得客户意见挂机。
22	客户要求客服代表先挂机	您好，再次谢谢您的来电！	未回应客户挂机。
23	客户询问客服姓名	您好，我姓 ×。	我叫 ××。
24	骚扰电话	1. 对不起，我们不提供此项服务，谢谢您的来电，再见。 2. 对不起，您的问题已超出我们的服务范围，谢谢你的来电，再见。	与其争论。

附表 6　服务调度班工作督办单

日期：＿＿＿＿＿　　　　　　　　　　　　编号：＿＿＿＿＿

供电公司：

问题描述：

反馈内容

原因分析：

整改措施：

分管领导签字		经办人	

附表 7　营销业务流程终止审批单

申请终止信息	
申请单位：	申请日期：
申 请 人：	营销工号：
流程基本信息	
流程类别：	流程编号：
户　　号：	户　　名：
供电电压：	合同容量：
流程基本信息	

（单位盖章）

年　　月　　日

附表8　客户回访不满意督办单

业扩流程号		受理时间	
户　名		户　号	
客户地址		客户电话	
客户回访情况			
三不点分析	客户不满意点：		
	执行不合格点：		
	制度不合理点：		
不满意原因			
整改措施			
核查人		核查时间	
审核人（部门领导）			

注：1. 详细分析回访不满意暴露出的问题，判断客户不满意原因。
　　2. 整改措施实际可操作。

附表 9　应急管理评估表

评估日期：__________　　　　评估人：__________

序号	评估事项	评估内容	评估结果（0~10 分）
1	应急准备	建立合理有效的应急管理制度，能够保障服务调度班应对紧急事件	
2		按上级要求配备应急器材、设备和物资	
3		编制并及时修订完善应急预案，能够有效指导班组成员处理紧急事件	
4		班组成员熟悉掌握主要应急事件的处理流程、服务关键点和服务话术	
5	风险识别	值长能够准确识别风险，遇到风险点应及时提醒班组成员，必要时应与相关班组沟通	
6		针对各类型风险特征，采取风险防范措施	
7	应急处置	事故发生时，及时将事故情况通报上级	
8		事故发生时，能够及时、有效安抚客户，并依据应急预案、提出解决方案	
9		事故发生时，能够及时联系事件相关方，保障应急预案的有效开展	
10	总结评估	紧急应急事件发生后，班长能够带领班组成员进行整体事件回顾，撰写完成应急事件评估报告	
总分（0~100 分）